病毒家族的历史

BINGDU
JIAZU DE LISHI

本书编写组 ◎ 编

世界图书出版公司

广州·北京·上海·西安

图书在版编目（CIP）数据

病毒家族的历史／《病毒家族的历史》编写组编
. —广州：广东世界图书出版公司，2010.4（2024.2 重印）
ISBN 978 - 7 - 5100 - 2240 - 1

Ⅰ．①病… Ⅱ．①病… Ⅲ．①病毒－青少年读物

Ⅳ．①Q939.4 - 49

中国版本图书馆 CIP 数据核字（2010）第 070678 号

书　　　名	病毒家族的历史	
	BINGDU JIAZU DE LISHI	
编　　　者	《病毒家族的历史》编写组	
责任编辑	李翠英	
装帧设计	三棵树设计工作组	
出版发行	世界图书出版有限公司　世界图书出版广东有限公司	
地　　　址	广州市海珠区新港西路大江冲 25 号	
邮　　　编	510300	
电　　　话	020-84452179	
网　　　址	http://www.gdst.com.cn	
邮　　　箱	wpc_gdst@163.com	
经　　　销	新华书店	
印　　　刷	唐山富达印务有限公司	
开　　　本	787mm × 1092mm　1/16	
印　　　张	10	
字　　　数	120 千字	
版　　　次	2010 年 4 月第 1 版　2024 年 2 月第 11 次印刷	
国际书号	ISBN　978-7-5100-2240-1	
定　　　价	48.00 元	

前　言
PREFACE

　　对病毒病的存在，人类很早就有认识。公元前 313～前 265 年，中国便有天花的记载，公元前 500 年欧洲已有狂犬病的记载。但知道这些疾病是由病毒引起的，却是在 1898 年伯捷瑞克发现烟草花病毒的可过滤性以后。回首历史上疾病给人类带来的重创，以及今天人类与疾病的"斗智斗勇"，我们不难发现：在重大疫病面前，人类经过自己不懈的努力总能化险为夷，并取得最终胜利。人类与疾病的斗争是永无止境的，我们手中的武器不是求神拜佛，而是科学方法以及全球合作再加上高度的警惕。对于今天的各类病毒和流行病，我们只要重视它，加强对它的研究，建立完整的监测体系，实行有效的防控措施，就一定能控制它的传播与流行，并最终战胜它。

　　人们对病毒的认识是从对疾病的认识开始的，没有疾病险象，就不可能发现病毒。在医学微生物的教科书中，关于病毒的最初描述，也认为它是引起一切传染病的物质，这就提示了病毒与疾病的密切关系。迄今的研究表明，人类传染病主要是由疾病引起，如早年发现的黄热病和新近出现的艾滋病就是最好的例证。目前病毒病已涉及临床医学的各个学科，且许多不明原因的疾病也与病毒感染有关，如关节炎、糖尿病和神经系统的提醒性改变等。旧的病毒得到了根除与控制，新的病毒病又在不断地出现，病毒学在临床医学中占有不可忽视的地位和作用，临床病毒学即在这种背景下应运而生，它既是医学病毒学的重要组成部分，也是病毒学的重要分支。因此，可将临床病毒学的主要研究内容概括为：通过对病毒本质的认识探讨病毒治病的机制，特别是病毒疫苗和抗病毒药物。研究临床病毒学的最终目的是为了控制和消灭病毒病，保障人民身体健康。

　　病毒越来越受到人们的关注与重视，病毒感染性疾病也在生活中变得极为普遍。尽管病毒感染性疾病各有特征，但治疗总策略是相仿的。关于病毒的研究已发展成为一门独立的学科——病毒学，无论是在理论研究还是在实际应用中，病毒学都已处于当今生命科学的最前沿。

　　病毒学作为一门独立学科的出现是在 20 世纪 50 年代以后，其理由如下：病毒是一种特殊的微生物，与一般微生物不同，它具有以下几个基本特点：①病毒只有 1 种核酸——RNA 或 DNA。②病毒只能在活细胞内增殖，以复制的方式保证遗传信息的连续传递（病毒缺乏细胞器结构，它的生长增殖必须借助于宿主细胞的酶和能源系统）；病毒对抗生素不敏感。需要特殊的技术与方法来研究病毒，如电镜、细胞培养技术等。③病毒学工作者认为自己是"病毒学家"而不是微生物学家、病理学家，既然有病毒学家，也就应该有"病毒学"这门学科。④动物、植物、昆虫和细菌学工作者更注重研究病毒的本质、病毒的结构与功能。⑤病毒学有专门的研究机构和专门刊物。

　　我们所处的 21 世纪是一个知识飞速更新的时代，人们的生活也变得非常忙碌，对于我们的健康水平也有了更高的要求。本书能使读者轻松地了解病毒知识和掌握病毒性疾病的预防措施，以便能在生活中有效地应用，从而提高现代人的健康水平和生活质量，更好地为祖国的繁荣富强贡献力量。

　　为了能让读者详细地了解各种病毒并对病毒学产生兴趣，本书融汇了微生物学、免疫学、内科学、儿科学、传染病学等知识，并介绍了一些行之有效、易于实施的中西医结合治疗方法，以期在传播病毒学知识的同时，更增加本书的实用性。由于编者水平所限，书中的错误和不足之处在所难免，敬请读者不吝指正。

Contents

目　录

病毒家族的历史

战场上的潘多拉盒子

那些病毒捕手

病毒素描
BINGDU SUMIAO

你觉得自己很健康？觉得自己体内没有病菌？再仔细感觉感觉……就在此时此刻，入侵者正在你的身体周围张牙舞爪，跃跃欲试，逮到机会就会随时侵袭你身体内的细胞。它们会对细胞做些什么？它们会利用这些细胞来进行自我复制。这些小小的侵略者能入侵真菌、植物、动物，甚至细菌。任何生物体都无法逃脱它们的掌心，它们就是病毒。别看它们体积微小，惹来的麻烦可不小。

如果你曾经得过感冒、流感或水痘，那么病毒就曾经在你的体内进行过疯狂的复制——肉眼根本无法看见它们，甚至在大多数显微镜下也无法看清。它们是什么东西？不是细胞——因为它们没有细胞核，也没有细胞那样制造能量的能力。它们无法靠自己繁殖，是寄生的。

单个病毒在英语中被称为"Virus"（病毒）或"Vi-rion"（病毒颗粒）。生命科学的飞速发展和科学家的不懈努力，使我们对病毒的了解日益加深，现在，让我们掀开病毒的面纱，看看它们的样子吧。

病毒从哪里来

病毒——Virus 一词的原意是"有毒"。在发现病原体以前，病毒是用来表示一切引起传染病的物质。

对于病毒的起源曾有过种种推测：①病毒可能类似于最原始的生命；②病毒可能是从细菌退化而来，由于寄生性的高度发展而逐步丧失了独立生活的能力，例如腐生菌→寄生菌→细胞内寄生菌→支原体→立克次氏体→衣原体→大病毒→小病毒；③病毒可能是宿主细胞的产物。这些推测各有一定的依据，目前尚无定论。因此，病毒在生物进化中的地位是未定的。但是，不论其原始起源如何，病毒一旦产生以后，同其他生物一样，能通过变异和自然选择而演化。

在病毒大家庭中，有一种病毒有着特殊的地位，这就是烟草花叶病毒。无论是病毒的发现，还是后来对病毒的深入研究，烟草花叶病毒都是病毒学工作者的主要研究对象，起着与众不同的作用。

1886 年，在荷兰工作的德国人麦尔把患有花叶病的烟草植株的叶片加水研碎，取其汁液注射到健康烟草的叶脉中，能引起花叶病，证明这种病是可以传染的。通过对叶子和土壤的分析，麦尔指出烟草花叶病是由细菌引起的。

蛋白质

核酸

烟草花叶病毒

1892 年，俄国的伊万诺夫斯基重复了麦尔的试验，证实了麦尔所看到的现象，而且进一步发现，患病烟草植株的叶片汁液，通过细菌过滤器后，还能引发健康的烟草植株发生花叶病。这种现象起码可以说明，致病的病原体不是细菌，但伊万诺夫斯基将其解释为是由于细菌产生的毒素而引起。生活在巴斯德的细菌致病说的极盛时代，伊万诺夫斯基未能做进一步的思考，从而错失了一次获得重大发现的机会。

1898 年，荷兰细菌学家贝杰林克同样证实了麦尔的观察结果，并同伊万诺夫斯基一样，发现烟草花叶病病原能够通过细菌过滤器。但贝杰林克想得更深入。他把烟草花叶病株的汁液置于琼脂凝胶块的表面，发现感染烟草花叶病的物质在凝胶中以适度的速度扩散，而细菌仍滞留于琼脂的表面。从这些实验结果，贝杰林克指出，引起烟草花叶病的致病因子有 3 个特点：①能通过细菌过滤器；②仅能在感染的细胞内繁殖；③在体外非生命物质中不能生长。根据这几个特点他提出这种致病因子不是细菌，而是一种新的物质，称为"有感染性的活的流质"，并取名为"病毒"，拉丁名叫"Virus"。

神奇的病毒"诞生"了

几乎是同时，德国细菌学家勒夫勒和费罗施发现引起牛口蹄疫的病原也可以通过细菌滤器，从而再次证明伊万诺夫斯基和贝杰林克的重大发现。

"Virus"一词源于拉丁文，原指一种动物来源的毒素。病毒能增殖、遗传和演化，因而具有生命最基本的特征，但至今对它还没有公认的定义。最初用来识别病毒的性状，如个体微小、一般在光学显微镜下不能看到、可通过细菌所不能通过的过滤器、在人工培养基上不能生长、具有致病性等，现仍有实用意义。但从本质上区分病毒和其他生物的特征是：①含有单一种核酸（DNA 或 RNA）的基因组和蛋白质外壳，没有细胞结构；②在感染细胞的同时或稍后释放其核酸，然后以核酸复制的方式增殖，而不是以二分裂方式增殖；③严格的细胞内寄生性。病毒缺乏独立的代谢能力，只能在活的宿主细胞中，利用细胞的生物合成机器来复制其核酸并合成由其核酸所编码的蛋白，最后装配成完整的、有感染性的病毒单位，即病毒粒。病毒粒是病毒从

细胞到细胞或从宿主到宿主传播的主要形式。

目前，病毒一词的涵义可以是：指那些在化学组成和增殖方式是独具特点的，只能在宿主细胞内进行复制的微生物或遗传单位。它的特点是：只含有一种类型的核酸（DNA 或 RNA）作为遗传信息的载体；不含有功能性核糖体或其他细胞器；RNA 病毒，全部遗传信息都在 RNA 上编码，这种情况在生物学上是独特的；体积比细菌小得多，仅含有少数几种酶类；不能在无生命的培养基中增殖，必须依赖宿主细胞的代谢系统复制自身核酸，合成蛋白质并装配成完整的病毒颗粒，或称病毒体（完整的病毒颗粒是指成熟的病毒个体）。

由于病毒的结构和组分简单，有些病毒又易于培养和定量，因此从 20 世纪 40 年代后，病毒始终是分子生物学研究的重要材料。

病毒学

病毒学研究与生命科学及生物技术密切相关，因为病毒是研究生命活动最简单的模型，为近代研究生物大分子结构及其功能、基因组高效表达与调控提供了有力工具，在人类认识生命现象的过程中提供了许多基本的信息。同时，病毒一方面能够引起动物、植物及人类各种疾病，如艾滋病，对人类的生存至今仍是巨大的威胁；另一方面，它又可被用来消除害虫、用作外源基因的表达载体，可以为人类所利用。病毒学涉及医学、兽医、环境、农业及工业等广阔领域，相应发展成噬菌体学、医学病毒学、兽医病毒学、环境病毒学、植物病毒学及昆虫病毒学等分支学科。病毒学已成为人们认识生命本质，发展国民经济和保证人畜健康而必须深入研究的重点学科。

病毒发现记

　　关于病毒所导致的疾病，早在公元前 2—3 世纪的印度和中国就有了关于天花的记录。但直到 19 世纪末，病毒才开始逐渐得以发现和鉴定。1884 年，法国微生物学家查理斯·尚柏朗发明了一种细菌无法滤过的过滤器（Chamberland 烛形滤器，其滤孔孔径小于细菌的大小），他利用这一过滤器就可以将液体中存在的细菌除去。1892 年，俄国生物学家伊凡诺夫斯基在研究烟草花叶病时发现，将感染了花叶病的烟草叶的提取液用烛形滤器过滤后，依然能够感染其他烟草。于是他提出这种感染性物质可能是细菌所分泌的一种毒素，但他并未深入研究下去。当时，人们认为所有的感染性物质都能够被过滤除去并且能够在培养基中生长，这也是疾病的细菌理论的一部分。1899 年，荷兰微生物学家马丁乌斯·贝杰林克重复了伊凡诺夫斯基的实验，并相信这是一种新的感染性物质。他还观察到这种病原只在分裂细胞中复制，由于他的实验没有显示这种病原的颗粒形态，因此他称之为 contagium vivum fluidum（可溶的活菌），并进一步命名为 virus（病毒）。贝杰林克认为病毒是以液态形式存在的（但这一看法后来被温德尔·梅雷迪思·斯坦利推翻，他证明了病毒是颗粒状的）。同样在 1899 年，弗里德里希·勒夫勒和弗兰克发现患口蹄疫动物淋巴液中含有能通过滤器的感染性物质，由于经过了高度的稀释，排除了其为毒素的可能性；他们推论这种感染性物质能够自我复制。

　　在 19 世纪末，病毒的特性被认为是感染性、可滤过性和需要活的宿主，也就意味着病毒只能在动物或植物体内生长。1906 年，哈里森发明了在淋巴液中进行组织生长的方法；接着在 1913 年，斯坦哈特、李斯列和兰伯特利用这一方法在豚鼠角膜组织中成功培养了牛痘苗病毒，突破了病毒需要体内生长的限制。1928 年，H.B. 梅特兰和 M.C. 梅特兰有了更进一步的突破，他们利用切碎的母鸡肾脏的悬液对牛痘苗病毒进行了培养。他们的方法在 20 世纪 50 年代得以广泛应用于脊髓灰质炎病毒疫苗的大规模生产。

20 世纪早期，英国细菌学家弗雷德里克·托沃特发现了可以感染细菌的病毒，并称之为噬菌体。随后法裔加拿大微生物学家费力德海勒描述了噬菌体的特性：将其加入长满细菌的琼脂固体培养基上，一段时间后会出现由于细菌死亡而留下的空斑。高浓度的病毒悬液会使培养基上的细菌全部死亡，但通过精确的稀释，可以产生可辨认的空斑。通过计算空斑的数量，再乘以稀释倍数就可以得出溶液中病毒的个数。他们的工作揭开了现代病毒学研究的序幕。

1931 年，德国工程师恩斯特·鲁斯卡和马克斯·克诺尔发明了电子显微镜，使得研究者首次得到了病毒形态的照片。1935 年，美国生物化学家和病毒学家温德尔·梅雷迪思·斯坦利发现烟草花叶病毒大部分是由蛋白质所组成的，并得到病毒晶体。随后，他将病毒成功地分离为蛋白质部分和 RNA 部分。温德尔·斯坦利也因为他的这些发现而获得了 1946 年的诺贝尔化学奖。烟草花叶病毒是第一个被结晶的病毒，从而可以通过 X 射线晶体学的方法来得到其结构细节。第一张病毒的 X 射线衍射照片是由博纳尔和弗兰克恩于 1941 年所拍摄的。1955 年，通过分析病毒的衍射照片，罗莎琳·富兰克林揭示了病毒的整体结构。同年，瑞博·威廉姆斯和考瑞特发现将分离纯化的烟草花叶病毒 RNA 和衣壳蛋白混合在一起后，可以重新组装成具有感染性的病毒，这也揭示了这一简单的机制很可能就是病毒在它们的宿主细胞内的组装过程。

20 世纪的下半叶是发现病毒的黄金时代，大多数能够感染动物、植物或细菌的病毒在这数十年间被发现。1957 年，马动脉炎病毒和导致牛病毒性腹泻的病毒（一种瘟病毒）被发现；1963 年，巴鲁克·塞缪尔·布隆伯格发现了乙型肝炎病毒；1965 年，霍华德·马丁·特明发现并描述了第一种逆转录病毒；这类病毒将 RNA 逆转录为 DNA 的关键酶，逆转录酶在 1970 年由霍华德·特明和戴维·巴尔的摩分别独立鉴定出来。1983 年，法国巴斯德研究院的吕克·蒙塔尼和他的同事弗朗索瓦丝·巴尔·西诺西首次分离得到了一种逆转录病毒，也就是现在世人皆知的艾滋病毒（HIV）。其二人也因此与发现了能够导致子宫颈癌的人乳头状瘤病毒的德国科学家哈拉尔德·楚尔·豪森分享了 2008 年的诺贝尔生理学与医学奖。

病毒学的研究对象

病毒学是以病毒作为研究对象，通过病毒学与分子生物学之间的相互渗透与融合而形成的一门新兴学科。具体来讲，它是一门在充分了解病毒的一般形态和结构特征基础上，研究病毒基因组的结构与功能，探寻病毒基因组复制、基因表达及其调控机制，从而揭示病毒感染、致病的分子本质，为病毒基因工程疫苗和抗病毒药物的研制以及病毒病的诊断、预防和治疗提供理论基础及其依据的科学。

病毒的样子

人们在电镜下观察到许多病毒粒体的形态和大小，病毒的形态同其壳体的基本结构有着紧密的联系。病毒的形态主要有以下几种：①球状病毒；②杆状病毒；③砖形病毒；④冠状病毒；⑤有包膜的球状病毒；⑥具有球状头部的病毒；⑦封于包涵体内的昆虫病毒。

病毒粒的对称体制：病毒粒的对称体制只有 2 种，即螺旋对称（代表：烟草花叶病毒）和二十面体对称（等轴对称，代表：腺病毒）。一些结构较复杂的病毒，实质上是上述 2 种对称相结合的结果，故称作复合对称（代表：T偶数噬菌体）。

病毒主要由核酸和蛋白质外壳组成。由于病毒是一类非细胞生物体，故单个病毒个体不能称作"单细胞"，这样就产生了病毒粒或病毒体病毒粒，有时也称病毒颗粒或病毒粒子，专指成熟的结构完整的和有感染性的单个病毒。核酸位于它的中心，称为核心或基因组；蛋白质包围在核心周围，形成了衣壳。衣壳是病毒粒的主要支架结构和抗原成分，有保护核酸等作用。衣壳是由许多在电镜下可辨别的形态学亚单位——衣壳粒所构成。核心和衣壳合称

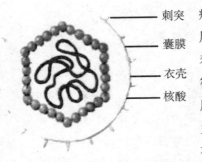

刺突
囊膜
衣壳
核酸

病毒结构示意图

核心壳。有些较复杂的病毒（一般为动物病毒，如流感病毒），其核心壳外还被一层含蛋白质或糖蛋白的类脂双层膜覆盖着，这层膜称为包膜。包膜中的类脂来自宿主细胞膜。有的包膜上还长有刺突等附属物。包膜的有无及其性质与该病毒的宿主专一性和侵入等功能有关。昆虫病毒中有一类多角体病毒，其核壳被蛋白晶体所包被，形成多角形包涵体。

病毒的复制过程叫做复制周期。其大致可分为连续的 5 个阶段：吸附、侵入、增殖、成熟（装配）、裂解（释放）。

为什么病毒会让人生病

病毒对宿主细胞的直接作用

根据不同病毒与宿主细胞相互作用的结果，有溶细胞型感染、稳定状态感染、包涵体形成、细胞凋亡和整合感染 5 种类型。

溶细胞型感染

溶细胞型感染多见于无包膜病毒。如脊髓灰质炎病毒、腺病毒等。其机制主要有：阻断细胞大分子物质合成，病毒蛋白的毒性作用，影响细胞溶酶

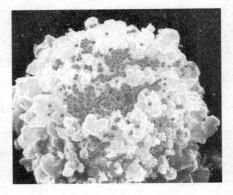

宿主细胞

病毒家族的历史

体和细胞器的改变等。溶细胞型感染是病毒感染中较严重的类型。靶器官的细胞破坏死亡到一定程度，机体就会出现严重的病理生理变化基，侵犯重要器官则危及生命或留下严重的后遗症。

稳定状态感染

稳定状态感染多见于有包膜病毒，如正黏病毒、副黏病毒等。这些非杀细胞性病毒在细胞内增殖，它们复制成熟的子代病毒以出芽方式从感染的宿主细胞中逐个释放出来，因而细胞不会溶解死亡，造成稳定状态感染的病毒常在增殖过程中引起宿主细胞膜组分的改变，如在细胞膜表面出现病毒特异性抗原或自身抗原或出现细胞膜的融合等。

包涵体形成

某些病毒感染后，在细胞内可形成光镜下可见的包涵体。包涵体的存在与病毒的增殖、存在有关；不同病毒的包涵体其特征可有不同，故可作为病毒感染的辅助诊断依据。

细胞凋亡

病毒的感染可导致宿主细胞发生凋亡。

整合感染

某些 DNA 病毒和反转录病毒在感染中可将基因整合于细胞染色体中，随细胞分裂而传给子代，与病毒的致肿瘤性有关。多见于肿瘤病毒。

此外，已证实有些病毒感染细胞后（如人类免疫缺陷病毒等）或直接由感染病毒本身，或由病毒编码蛋白间接地作为诱导因子可引发细胞死亡。

病毒感染的免疫病理作用

在病毒感染中，免疫病理导致的组织损伤常见。诱发免疫病理反应的抗原，除病毒外，还有因病毒感染而出现的自身抗原。此外，有些病毒可直接

病毒家族的历史

侵犯免疫细胞，破坏其免疫功能。

抗体介导的免疫病理作用

许多病毒诱发细胞表面出现新抗原，与相应抗体结合后，激活补体，破坏宿主细胞，属Ⅱ型超敏反应。抗体介导损伤的另一机制是抗原抗体复合物所引起的，即Ⅲ型超敏反应。

细胞介导的免疫病理作用

细胞毒性T细胞能特异性杀伤带有病毒抗原的靶细胞，造成组织细胞损伤。属Ⅳ型超敏反应。

免疫抑制作用

某些病毒感染可抑制宿主免疫功能，易合并感染而死亡，如艾滋病。

病毒的感染类型

根据临床症状的有无，区分为显性感染和隐性感染；按病毒在机体内滞留的时间，分急性感染和持续性感染，后者又分为慢性感染、潜伏感染和慢发病毒感染。隐性感染指病毒进入机体后，不引起临床症状。隐性感染的机体，仍有向外界散播病毒的可能，在流行学上具有十分重要意义。隐性感染后，机体可获得特异性免疫力。

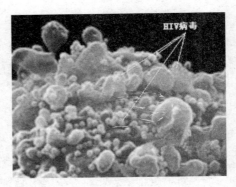

HIV病毒

病毒感染

慢性感染

感染后，病毒并未完全清除，可持续存在于血液或组织中并不断排出体外或经输血，注射而传播。病程常达数月至数十年，患者表现轻微或无临床症状，如 HBV、巨细胞病毒、EB 病毒感染。

潜伏感染

指显性或隐性感染后，病毒基因存在于一定组织或细胞内，但并不能产生感染性病毒，但在某些条件下可被激活而急性发作。病毒仅在临床出现间隙性急性发作时才被检出，在非发作期，用一般常规方法不能分离出病毒。如单纯疱疹病毒 1 型感染后，在三叉神经节中潜伏，此时机体既无临床症状也无病毒排出。以后由于机体受物理、化学或环境因素等影响，使潜伏的病毒增殖，沿感觉神经到达皮肤，发生唇单纯疱疹。又如水痘——带状疱疹病毒，初次感染主要在儿童中引起水痘，病愈后病毒潜伏在脊髓后根神经节或颅神经的感觉神经节细胞内，暂时不显活性。当局部神经受冷、热、压迫或 X 线照射以及患肿瘤等致机体免疫功能下降时，潜伏的病毒则活化、增殖，沿神经干扩散到皮肤而发生带状疱疹。

慢发病毒感染

有很长的潜伏期，达数月、数年甚至数十年之久。以后出现慢性进行性疾病。最终常为致死性感染。如艾滋病以及麻疹病毒引起的亚急性硬化性全脑炎。除寻常病毒外，还有一些非寻常病毒或待定生物因子（如朊粒）也可能引起慢发感染。

病毒的传播

病毒的传播方式有水平传播和垂直传播 2 类。

水平传播指病毒在人群中不同个体间的传播。常见的传播途径主要经皮肤和呼吸道、消化道或泌尿生殖道等黏膜。在特定条件下也可直接进入血液循环。

垂直传播指通过胎盘或产道，病毒直接由亲代传播给子代的方式。常见的导致垂直传播的病毒有风疹病毒、巨细胞病毒、乙肝病毒、HIV 和单纯疱疹病毒 10 余种。可引起死胎、流产、早产或先天性畸形。

细　菌

凡能使人或其他生物生病的细菌，如伤寒杆菌、炭疽杆菌等，称为致病菌或病原菌。

细菌在人体内寄生、增殖并引起疾病的特性，称为细菌的致病性或病原性。致病性是细菌种的特征之一，具有质的概念，如鼠疫细菌引起鼠疫，结核杆菌引起结核。致病性强弱程度以毒力表示，是量的概念。各种细菌的毒力不同，并可因宿主种类及环境条件不同而发生变化。同一种细菌也有强毒、弱毒与无毒菌株之分。细菌的毒力常用半数死量或半数感染量表示，其含义是在单位时间内，通过一定途径，使一定体重的某种实验动物半数死亡或被感染所需的最少量的细菌数或细菌毒素量。

病毒战斗记

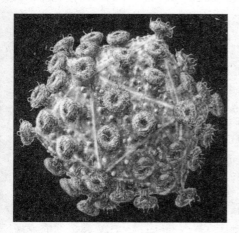

黑死病病毒

病毒的历史即一部人类与病毒的斗争史。中国古代殷墟甲骨文已有"虫"、"蛊"、"疟疾"及灭虫的记载，《史记》也曾用"疫"、"大疫"表示疾病的流行。这些也许可以认为是人类对流行病认识的"萌芽"。从《史记》起到明朝末年，仅正史就记载了95次疾病大流行。西方也有多次大流行，如公元前4世纪的瘟疫、查士丁尼鼠疫、14世纪的黑死病等。

长期受疾病流行困扰的人们开始

积累对它的认识，并推测引起流行疾病的病原。分子生物学家指出，传染病病原及与其有"亲缘关系"的细菌和病毒，在家畜和宠物中流行。比如麻疹病毒与牛瘟病毒相近，科学家推测古代农民因经常接触染病的牛，就携带了牛瘟病毒的一种变种，也就是现在麻疹病毒的"祖先"。

追溯传染性疾病的源头，农耕文明时人畜的朝夕厮守往往成为新的传染病的来源。

据美国社会史专家麦克耐尔的叙

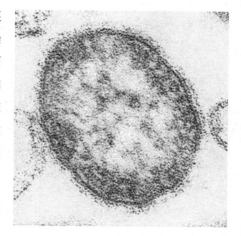

牛瘟病毒变种

述，人类与狗共有的疾病有 65 种，与牛共有的疾病有 50 种，与羊共有的疾病有 46 种，与猪共有的疾病有 42 种，与马共有的疾病有 35 种，与家禽共有的疾病有 26 种——这些疾病基本上都是从动物身上传到人身上的。

显微镜诞生后，对病原的关注到了相当高度，值得一提的是德国细菌学家科赫和法国微生物学家巴斯德。

科赫采用牛、羊和其他动物做实验，发现了结核杆菌。他发明用固体培养基的"细菌纯培养法"，首先采用染色体观察细菌的形态，并运用这些方法，分离出炭疽杆菌、结核杆菌和霍乱杆菌，同时确证这些细菌与疾病的关系，提出了"科赫原则"，作为判断某种微生物是否为某种疾病的病原的准则。

1566 年就有了关于疯狗咬人致病，即狂犬病的记载。

1889 年巴斯德指出，狂犬病这种病原物是某种可以通过细菌过滤器的"过滤性的超微生物"。1892 年俄国的伊万诺夫斯基发现其病原能通过细菌所不能通过的过滤器。科学家发现这种显微镜下看不到病原物，用试管里培养细菌的方法也培养不出来，但它能扩散到凝胶中。因此得出结论认为病原是一种比细菌还小的"有传染性的活的流质"，这就是我们所说的"病毒"。

人类在最早的狩猎和采集文明阶段，基本上没有所谓的传染病或流行病，

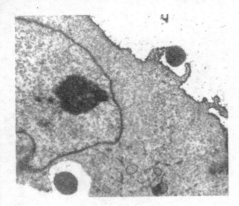
狂犬病毒

因为那时候人口稀少，每个群体只有几十人、百把人，是自成一体的微型社会。各个互不交往的游猎群体到处跑，他们那样的生产方式和生活环境不大可能发生传染病或流行病。

考古学认为，约在 1 万 ~ 1.1 万年前，生产方式从狩猎和采集转到了农耕，农耕文明才带来了传染病。农耕文明阶段，人就跟家养的动物生活在一起了。

历史上死于来自欧洲病菌的美洲原住民，要比丧命于欧洲征服者刀枪下的多得多。甚至可以这样说，要不是美洲原住民对流行病如此缺乏免疫力，美洲的历史完全可能被改写。这些疾病包括天花、麻疹、流行性感冒、伤寒、百日咳、肺结核等。由于海洋的隔绝，印第安人从来没有接触过这些病菌与病毒，对它们既没有免疫力，也没有抵抗力。

西班牙征服者皮萨罗于 1531 年率领区区 168 人在秘鲁登陆时没想到，天花病毒会在短时间内消灭这个丛林帝国，留给他堆积如山的金银。早在 1520 年，天花就随着一个受感染的奴隶从古巴抵达墨西哥。大肆流行的瘟疫使他们失去了一半人口，包括皇帝。侥幸不死的人也被搞得筋疲力尽，无心抵挡欧洲殖民者。墨西哥也因此人口锐减。

虽然新大陆也有众多人口和拥挤的城市，但它未曾把致命的疾病传播给欧洲人。这是因为美洲缺乏这些疾病的源头——家畜，欧亚大陆的流行病是从已驯化的群居动物疾病演化来的。美洲土著人只有 5 种驯化动物：火鸡、羊驼、鸭子、豚鼠和狗。这些动物要么不群居，要么与人的接触没

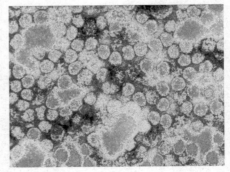
黄热病毒

那么紧密。

　　当然，情况并不总是对殖民者有利。热带地区的疟疾、霍乱和黄热病过去是，现在仍然是最致命的传染病。黄热病原本局限于非洲西部。非洲黑人对于该病或多或少都有一定的抵抗力，一旦感染虽也会出现头痛、发烧、呕吐等症状，但数天后即可痊愈。由于近代的贩卖黑奴活动，黄热病被带到了美洲，毫无抵抗力的白人、印第安人和亚洲移民成为黄热病的牺牲品。最严重时，美国当时的首都费城的行政机构几近瘫痪。拿破仑对黄热病束手无策，不得不将当时占领的路易斯安那拱手卖给美国。历史就这样被改写了。

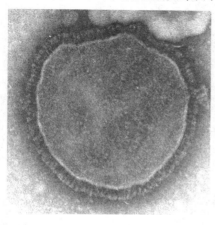

麻疹病毒

　　这里还有一个现代的例子：格陵兰岛气候严寒，人口稀少，交通不便。1951 年 4 月，一个正处在麻疹潜伏期的水手从丹麦哥本哈根来到格陵兰参加集会，引发麻疹流行，4 212 人患麻疹。

　　不难看出：人类历史与人类疾病史有着关联性，任何一次传染病的大流行，都是人类文明进程所带来的；反过来，每一次大规模的传染病，又对人类文明本身产生极其巨大而深远的影响。

病毒的传播方式

　　病毒的传播方式多种多样，不同类型的病毒采用不同的方法。例如，植物病毒可以通过以植物汁液为生的昆虫（如蚜虫）来在植物间进行传播；而动物病毒可以通过蚊虫叮咬而得以传播。这些携带病毒的生物体被称为"载体"。流感病毒可以经由咳嗽和打喷嚏来传播；诺罗病毒则可以通过手足口途径来传播，即通过接触带有病毒的手、食物和水；轮状病毒常常是通过接触受感染的儿童而直接传播的；此外，艾滋病毒则可以通过性接触来传播。

并非一无是处

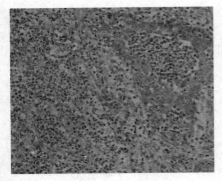

大鼠仙台病毒

其实，病毒也并非一无是处，它在人类生存和进化的过程当中，扮演了不同寻常的角色，人和脊椎动物直接从病毒那里获得了100多种基因，而且人类自身复制 DNA 的酶系统，也可能来自于病毒。被人类利用的病毒：

（1）噬菌体可以作为防治某些疾病的特效药，例如烧伤病人在患处涂抹绿脓杆菌噬菌体稀释液。

（2）在细胞工程中，某些病毒可以作为细胞融合的助融剂，例如仙台病毒。

（3）在基因工程中，病毒可以作为目的基因的载体，使之被拼接在目标细胞的染色体上。

（4）在专一的细菌培养基中添加的病毒可以除杂。

（5）病毒可以作为精确制导药物的载体。

（6）病毒可以作为特效杀虫剂。

病毒疫苗对人类有防病毒的好处——促进了人类的进化，人类的很多基因都是从病毒中得到的。

病毒是一种非细胞生命形态，它由一个核酸长链和蛋白质外壳构成，病毒没有自己的代谢机构，没有酶系统。因此病毒离开了宿主细胞，就成了没有任何生命活

病毒生物杀虫剂

动，也不能独立自我繁殖的化学物质。一旦进入宿主细胞后，它就可以利用细胞中的物质和能量以及复制、转录和转译的能力，按照它自己的核酸所包含的遗传信息产生和它一样的新一代病毒。

病毒基因同其他生物的基因一样，也可以发生突变和重组，因此也是可以演化的。因为病毒没有独立的代谢机构，不能独立的繁殖，因此被认为是一种不完整的生命形态。近年来发现了比病毒还要简单的类病毒，它是小的 RNA 分子，没有蛋白质外壳，但它可以在动

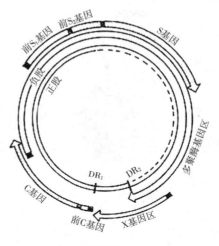

病毒基因

物身上造成疾病。这些不完整的生命形态的存在，说明无生命与有生命之间没有不可逾越的鸿沟。

没有毒的病毒

并非所有的病毒都会导致疾病，因为许多病毒的复制并不会对受感染的器官产生明显的伤害。一些病毒，如艾滋病毒，可以与人体长时间共存，并且依然能保持感染性而不受到宿主免疫系统的影响，即"病毒持续感染"。但在通常情况下，病毒感染能够引发免疫反应，消灭入侵的病毒。而这些免疫反应能够通过注射疫苗来产生，从而使接种疫苗的人或动物能够终生对相应的病毒免疫。像细菌这样的微生物也具有抵御病毒感染的机制，如限制修饰系统。抗生素对病毒没有任何作用，但抗病毒药物已经被研发出来用于治疗病毒感染。

病毒家族的历史

病毒的家庭成员

BINGDU DE JIATING CHENGYUAN

　　病毒同所有生物一样，具有遗传、变异、进化的能力，是一种体积非常微小，结构极其简单的生命形式，病毒有高度的寄生性，完全依赖宿主细胞的能量和代谢系统，获取生命活动所需的物质和能量，离开宿主细胞，它只是一个大化学分子，停止活动，可制成蛋白质结晶，为一个非生命体，遇到宿主细胞它会通过吸附、进入、复制、装配、释放子代病毒而显示典型的生命体特征，所以病毒是介于生物与非生物的一种原始的生命体。

　　国际病毒分类委员会（ICTV）第七次报告（1999），将所有已知的病毒根据核酸类型分为：DNA 病毒——单股 DNA 病毒；DNA 病毒——双股 DNA 病毒；DNA 与 RNA 反转录病毒；RNA 病毒——双股 RNA 病毒；RNA 病毒——单链、单股 RNA 病毒；裸露 RNA 病毒及类病毒等八大类群。此外，还增设亚病毒因子一类。这个报告认可的病毒约 4 000 种，设有三个病毒目，64 个病毒科，9 个病毒亚科，233 个病毒属，其中 29 个病毒属为独立病毒属。亚病毒因子类群，不设科和属。包括卫星病毒和 prion（传染性蛋白质颗粒或朊病毒）。一些属性不很明确的属称暂定病毒属。本章将给大家介绍病毒家庭中的一些常见成员。

入侵呼吸道的呼吸道病毒科

腺病毒

腺病毒是一种没有包膜的直径为 70~90 纳米的颗粒，由 252 个壳粒呈廿面体排列构成。每个壳粒的直径为 7~9 纳米。衣壳里是线状双链 DNA 分子，约含 35 000 bp，两端各有长约 100 bp 的反向重复序列。由于每条 DNA 链的 5′端同相对分子质量为 55×10^3 Da 的蛋白质分子共价结合，可以出现双链 DNA 的环状结构。人体腺病毒已知有 33 种，分别命名为 ad1~ad33，研究得最详细是 ad2。

腺病毒对啮齿类动物有致癌能力，或能转化体外培养的啮齿类动物细胞。使细胞转化只需要腺病毒基因组的一部分，这些基因位于基因组的左端，约占整个基因组的 7%~10%。尽管腺病毒分布很广，但对人体不出现致癌性。人体细胞是一类允许细胞，即这类细胞允许感染入侵的病毒在细胞内复制增殖，最后细胞裂解死亡而释放出大量子代病毒。在体外培养的多种人体肿瘤细胞中均未查出腺病毒颗粒，但在人的 1 号染色体上有 ad12 的整合位点，这意味着人体细胞对于腺病毒

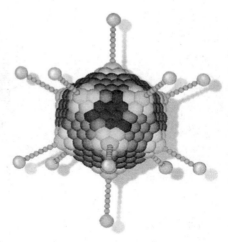

腺病毒

也可能是非允许细胞，即这类细胞在病毒感染后，病毒不能在细胞内复制增殖，但可整合在受感染细胞的基因组内。这些细胞被病毒转化，表型发生改变，且可在体外无限期地培养传代。

流感病毒

流行性感冒病毒，简称流感病毒，是一种造成人类及动物患流行性感冒的 RNA 病毒。在分类学上，流感病毒属于正黏液病毒科，它会造成急性上呼吸道感染，并借由空气迅速地传播，在世界各地常会有周期性的大流行。流行性感冒病毒在免疫力较弱的老人或小孩及一些免疫失调的病人会引起较严重的症状，如肺炎或是心肺衰竭等。

病毒最早是在 1933 年由英国人威尔逊·史密斯发现的，他称为 H1N1。H 代表血凝素；N 代表神经氨酸酶。数字代表不同类型。

病毒分类

类型与命名

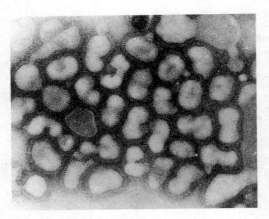

电子显微镜下的甲型流感病毒

根据流感病毒感染的对象，可以将病毒分为人类流感病毒、猪流感病毒、马流感病毒以及禽流感病毒等类群，其中人类流感病毒根据其核蛋白的抗原性可以分为 3 类：

（1）甲型流感病毒，又称 A 型流感病毒；

（2）乙型流感病毒，又称 B 型流感病毒；

（3）丙型流感病毒，又称 C 型流感病毒。

感染鸟类、猪等其他动物的流感病毒，其核蛋白的抗原性与人甲型流感病毒相同，但是由于甲型、乙型和丙型流感病毒的分类只是针对人流感病毒的，因此通常不将禽流感病毒等非人类宿主的流感病毒称作甲型流感病毒。

在核蛋白抗原性的基础上，流感病毒还根据血凝素和神经氨酸酶的抗原性分为不同的亚型。

病毒家族的历史

根据世界卫生组织 1980 年通过的流感病毒毒株命名法修正案，流感毒株的命名包含 6 个要素：型别/宿主/分离地区/毒株序号/分离年份，其中对于人类流感病毒，省略宿主信息，对于乙型和丙型流感病毒省略亚型信息。例如 A/swine/Lowa/15/30 表示的是核蛋白为 A 型的，1930 年在 Lowa 分离的以猪为宿主的 H1N1 亚型流感病毒毒株，其毒株序号为 15，这也是人类分离的第一支流感病毒毒株。

形态结构

流感病毒呈球形，新分离的毒株则多呈丝状，其直径在 80～120 纳米，丝状流感病毒的长度可达 400 纳米。

流感病毒结构自外而内可分为包膜、基质蛋白以及核心 3 部分。

1. 核心

病毒的核心包含了存贮病毒信息的遗传物质以及复制这些信息必需的酶。流感病毒的遗传物质是单股负链 RNA，简写为 ss-RNA，ss-RNA 与核蛋白相结合，缠绕成核糖核蛋白体，以密度极高的形式存在。除了核糖核蛋白体，还有负责 RNA 转录的 RNA 多聚酶。

甲型和乙型流感病毒的 RNA 由 8 个节段组成，丙型流感病毒则比它们少一个节段，第 1、2、3 个节段编码的是 RNA 多聚集酶，第 4 个节段负责编码血凝素；第 5 个节段负责编码核蛋白，第 6 个节段编码的是神经氨酸酶；第 7 个节段编码基质蛋白，第 8 个节段编码的是一种能起到拼接 RNA 功能的非结构蛋白，这种蛋白的其他功能尚不得而知。

丙型流感病毒缺少的是第六个节段，其第四节段编码的血凝素可以同时行使神经氨酸酶的功能。

2. 基质蛋白

基质蛋白构成了病毒的外壳骨架，实际上骨架中除了基质蛋白之外，还有膜蛋白。基质蛋白与病毒最外层的包膜紧密结合，起到保护病毒核心和维系病毒空间结构的作用。

当流感病毒在宿主细胞内完成其繁殖之后，基质蛋白是分布在宿主细胞

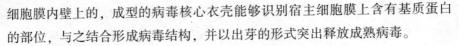

细胞膜内壁上的，成型的病毒核心衣壳能够识别宿主细胞膜上含有基质蛋白的部位，与之结合形成病毒结构，并以出芽的形式突出释放成熟病毒。

3. 包膜

包膜是包裹在基质蛋白之外的一层磷脂双分子层膜，这层膜来源于宿主的细胞膜，成熟的流感病毒从宿主细胞出芽，将宿主的细胞膜包裹在自己身上之后脱离细胞，去感染下一个目标。

包膜中除了磷脂分子之外，还有 2 种非常重要的糖蛋白：血凝素和神经氨酸酶。这 2 类蛋白突出病毒体外，长度约为 10 ~ 40 纳米，被称作刺突。一般一个流感病毒表面会分布有 500 个血凝素刺突和 100 个神经氨酸酶刺突。在甲型流感病毒中血凝素和神经氨酸酶的抗原性会发生变化，这是区分病毒毒株亚型的依据。

血凝素呈柱状，能与人、鸟、猪豚鼠等动物红细胞表面的受体相结合引起凝血，故而被称作血凝素。血凝素蛋白水解后分为轻链和重链两部分，后者可以与宿主细胞膜上的唾液酸受体相结合，前者则可以协助病毒包膜与宿主细胞膜相互融合。血凝素在病毒导入宿主细胞的过程中扮演了重要角色。血凝素具有免疫原性，抗血凝素抗体可以中和流感病毒。

神经氨酸酶是一个呈蘑菇状的四聚体糖蛋白，具有水解唾液酸的活性，当成熟的流感病毒经出芽的方式脱离宿主细胞之后，病毒表面的血凝素会经由唾液酸与宿主细胞膜保持联系，需要由神经氨酸酶将唾液酸水解，切断病毒与宿主细胞的最后联系。因此神经氨酸酶也成为流感治疗药物的一个作用靶点，针对此酶设计的奥司他韦是最著名的抗流感药物之一。在1918—1919 年流行性感冒肆虐期间，同类疗法曾经被医院采用。在 26 000 位接受同类疗法的流感患者中，只有 1/100 的死亡率；而 24 000 位接受对抗疗法流感患者死亡率则高达28/100。这个同类疗法的成功历史，正从医学历史上被刻意抹去。

变 异

在感染人类的 3 种流感病毒中，甲型流感病毒有着极强的变异性，乙型次之，而丙型流感病毒的抗原性非常稳定。

乙型流感病毒的变异会产生新的主流毒株，但是新毒株与旧毒株之间存在交叉免疫，即针对旧毒株的免疫反应对新毒株依然有效。

甲型流感病毒是变异最为频繁的一个类型，每隔十几年就会发生一个抗原性大变异，产生一个新的毒株，这种变化称作抗原转变，亦称抗原的质变；在甲型流感亚型内还会发生抗原的小变异，其表现形式主要是抗原氨基酸序列的点突变，称作抗原漂移，亦称抗原的量变。抗原转变可能是血凝素抗原和神经氨酸酶抗原同时转变，称作大族变异；也可能仅是血凝素抗原变异，而神经氨酸酶抗原则不发生变化或仅发生小变异，称作亚型变异。

对于甲型流感病毒的变异性，学术界尚无统一认识。一些学者认为，是由于人群中传播的甲型流感病毒面临较大的免疫压力，促使病毒核酸不断发生突变。另一些学者认为，是由于人甲型流感病毒和禽流感病毒同时感染猪后发生基因重组导致病毒的变异。后一派学者的观点得到一些事实的支持，实验室工作显示，1957 年流行的亚洲流感病毒基因的 8 个节段中，有 3 个是来自鸭流感病毒，而其余 5 个节段则来自 H1N1 人流感病毒。

甲型流感病毒的高变异性增大了人们应对流行性感冒的难度，人们无法准确预测即将流行的病毒亚型，便不能有针对性地进行预防性疫苗接种。另一方面，每隔十数年便会发生的抗原转变，更会产生根本就没有疫苗的流感新毒株。

致病性

流感病毒侵袭的目标是呼吸道黏膜上皮细胞，偶有侵袭肠黏膜的病例，则会引起胃肠型流感。

病毒侵入体内后依靠血凝素吸附于宿主细胞表面，经过吞饮进入胞浆；进入胞浆之后病毒包膜与细胞膜融合释放出包含的 ss-RNA；ss-RNA 的 8 个节段在胞浆内编码 RNA 多聚酶、核蛋白、基质蛋白、膜蛋白、血凝素、神经氨酸酶、非结构蛋白等构件；基质蛋白、膜蛋白、血凝素、神经氨酸酶等编码蛋白在内质网或高尔基体上组装 M 蛋白和包膜；在细胞核内，病毒的遗传物质不断复制并与核蛋白、RNA 多聚酶等组建病毒核心；最终病毒核心与膜上的 M 蛋白和包膜结合，经过出芽释放到细胞之外，复制的周期大约 8 个小时。

流感病毒感染将导致宿主细胞变性、坏死乃至脱落，造成黏膜充血、水肿和分泌物增加，从而产生鼻塞、流涕、咽喉疼痛、干咳以及其他上呼吸道感染症状。当病毒蔓延至下呼吸道，则可能引起毛细支气管炎和间质性肺炎。

病毒感染还会诱导干扰素的表达和细胞免疫调理，造成一些自身免疫反应，包括高热、头痛、腓肠肌及全身肌肉疼痛等，病毒代谢的毒素样产物以及细胞坏死释放产物也会造成和加剧上述反应。

由于流感病毒感染会降低呼吸道黏膜上皮细胞清除和黏附异物的能力，所以大大降低了人体抵御呼吸道感染的能力，因此流感经常会造成继发性感染，由流感造成的继发性肺炎是流感致死的主要死因之一。

防治流感病毒一方面要加强流感病毒变异的检测，尽量作出准确的预报，以便进行有针对性的疫苗接种；另一方面是切断流感病毒在人群中的传播，流感病毒依靠飞沫传染。尽早发现流感患者，对公共场所使用化学消毒剂熏蒸等手段可以有效抑制流感病毒的传播；对于流感患者，可以使用干扰素、金刚烷胺、奥司他韦等药物进行治疗，干扰素是一种可以抑制病毒复制的细胞因子，金刚烷胺可以作用于流感病毒膜蛋白和血凝素蛋白，阻止病毒进入宿主细胞，奥司他韦可以抑制神经氨酸酶活性，阻止成熟的病毒离开宿主细胞。还有迹象显示板蓝根、大青叶等中药可能有抑制流感病毒的活性，但是未获实验事实的证实。除了针对流感病毒的治疗，更多的治疗是针对流感病毒引起的症状的，包括非甾体抗炎药等，这些药物能够缓解流感症状，但是并不能缩短病程。

 知识点

预防流感的方法

流感是流行性感冒的简称，是由流感病毒引起的急性呼吸道传染病，通过飞沫传播，与普通感冒有着本质上的不同，对人的健康危害很大。

虽然，一年四季人都可能受到流感病毒的攻击。但冬季是一个高发季节。

冬天天气寒冷，人体抵抗力减弱，容易受寒。加之，人们多半时间在室内活动，窗户常关闭导致空气不流通，病毒更容易传播。另外，冬季气候干燥，人体呼吸系统的抵抗力降低，容易引发或者加重呼吸系统的疾病。其实，我们只要进行适量运动，注意合理饮食，增强身体抵抗力，流感是完全可以预防的。以下便是增强免疫力、抵制流感病毒的饮食之道。多喝水可使口腔和鼻腔内黏膜保持湿润，能有效发挥清除细菌、病毒的功能。

分节段的正黏病毒科

甲型流感病毒

甲型流感病毒是一种单链 RNA 病毒，属正黏病毒科，是引起世界性流感流行的病原。根据其宿主不同，它可分为人和动物的 2 种。

人甲型流感病毒主要特征之一为其表面抗原的变异十分频繁，但明显的变异还是很少的。一旦表面抗原（H 和 N）发生较明显变异时，就会在人群中造成不同程度的流行，发生大变异时就会造成世界性大流行。流感病毒的血凝素和神经氨酸酶有时只 1 种发生变异，有时 2 种均发生变异。其变异形式有 2 种：①抗原性漂移或小变异，②抗原性转变或大变异。发生大变异时，常新病毒株的表面抗原（H 和 N）的 1 种或 2 种与前次的流行株完全不同，形成一个新的亚型。根据双向琼脂免疫扩散测定，血凝素至今有 3 种：H1、H2 和 H3。无论根据神经氨酸酶抑制还是双向琼脂免疫扩散测定，均认为神经氨酸酶至今仅有 N1 和 N2 两种。它们相互组合而形成 H1N1（甲 1 型）、H2N1（甲 2 型）和 H3N2（甲 3 型）三个亚型。

过去认为新亚型约每 11 年出现一次，即在时间上是有规律的，但现在认为无时间规律性。过去一般还认为新旧亚型病毒株间有明显的交替过程，即新亚型病毒株出现后，旧的很快就消失，但 1977 年夏天至今，甲型流感病毒在人群中同时存在有 2 个亚型（H1N1 和 H3N2）病毒株的流行，看不到新旧病毒株间的明显交替，其原因尚不清楚。不同年代的变异株，国际和国内均有统一的代表株。

甲型流感病毒通常用鸡胚来分离和培养，一般能在鸡胚羊膜腔和尿囊腔中生长。除鸡胚外，常用于病毒分离的有原代人和猴肾细胞，常用于病毒培养的有传代牛和狗肾细胞。但生长和引起病变程度，不同病毒株间有差别。最适生长温度为 33～35℃。

人甲型流感病毒可引起人的流感，并有时引起肺炎和其他并发症，主要是气管和支气管纤毛柱状上皮细胞的坏死和脱落。有些病毒株能自然感染禽类和哺乳类动物。

流行病学上的最显著的特点是：突然暴发，迅速蔓延，广泛流行。流行形式有散发、局部暴发、流行和大流行。在非流行期间一般发病率较低，呈散发状态。大流行，有时甚至世界性大流行，是由于新亚型的出现，人群普遍地缺乏免疫力，因而传播迅速，流行波及全世界，发病率高。大流行时，在一个机关团体内一次的发病率可高达全体人员的 80%～90%，个别单位甚至可以达到 100%；在一个较大的人群中常常可有 20%～50% 的人发病。世界性大流行时常有 2～3 波，一般讲，第一波持续时间短，发病率高；第二波则拖的时间长，发病率低；有时还有第三波流行。一般情况下，第一波主要发生在城市和交通方便的地方，第二波主要发生在农村交通不便的地方。过去认为甲型流感病毒每 2～3 年就引起一次流行，每 10 年左右引起一次世界性大流行。但现在认为甲型流感病毒所引起的流行并没有严格的周期性。有较好记载的，曾发生过世界性大流行的有 1889 年、1918 年、1957 年和 1968 年。

流感流行常常伴有一般死亡率和

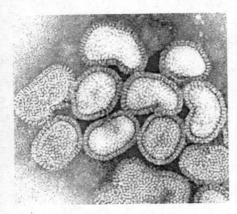

甲型流感病毒

呼吸道病死率的升高。1918 年大流行时引起了 2 000 万人的死亡。显性和隐性患者是流感的主要传染源。主要的传播方式是通过飞沫。

潜伏期为 1~3 天。突然发冷、发热，全身肌肉酸痛，无力和上呼吸道感染症状等。无并发症的，发病后 3~4 天就恢复，如有并发症则恢复慢。患者经常保持具有传染性直到恢复期开始，但有的发病后 7 天还能分离到病毒。病毒性流感的明显特征为发病率高，病死率低。死亡通常是由于呼吸道继发病菌感染所致，但病毒本身也能引起肺炎。继发性感染通常发生在婴幼儿、老年人和有慢性心肺疾病或糖尿病的患者。

动物流感病毒

动物流感病毒是指首先从动物中分离到，并且其表面抗原（血凝素或神经氨酸酶）在人中尚未发现过的流感病毒。如果虽从动物中分离到，但其表面抗原已从人中发现过，一般就不称之为动物流感病毒。如人甲 3 型（H3N2）可从许多动物中分离到，但一般均不称之为动物流感病毒，而称之为从某动物（如猪、狗等）中分

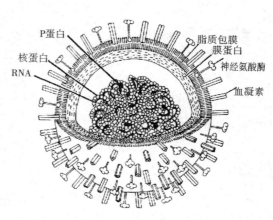

动物流感病毒

离到的甲 3 型流感病毒。由于近年来发现甲型流感病毒宿主范围非常广，有的在不同宿主间可相互传播，有的从无生命物质如湖水中也可分离到，因此，常常难以区分开哪些是人所固有的，哪些是某种动物所特有的。所以，近来甲型流感病毒亚型的划分已不考虑宿主的因素。

猪甲型流感病毒（H1N1）指表面抗原（血凝素和神经氨酸酶）类似于Hsw1N1（现在称 H1N1）的一类甲型流感病毒，这类病毒于 1930 年首次从猪群中分离到，故称为猪型流感病毒。一般认为它是 1918~1919 年世界性流感

大流行的病原，是从人传到猪，在猪群中保存了下来，偶尔会感染与猪密切接触的缺乏猪型抗体的年轻人。欧美一些国家和日本的猪群中均已分离到它，近来欧美和日本从禽类中也发现了它，但在中国尚未分离到这类病毒。然而，中国 50 岁以上人群中普遍存在有这类病毒株的抗体，青年人中普遍缺乏这种抗体。近来发现这类病毒株的表面抗原也发生了小变异，但仍未超出亚型的范围。这类病毒株于 1976 年春在美国新泽西州迪克斯堡新兵营中曾引起流感局部暴发。

马甲型流感病毒有 2 个血清型：①马 1 型（H7N7），1956 年首次于捷克分离到，1974 年中国华北地区马群中曾发生由它引起的流行。②马 2 型（H3N8），于 1963 年在美国首次被发现，中国尚未有马 2 型流行的报道。马 2型能实验性感染人，其血凝素与人甲型流感病毒相似，均为 H3，故人血清中含有马 2 型的血凝抑制抗体。在人甲 3 型（H3N2）出现之前，于老年人血清中就能查到有马 2 型血凝素和神经氨酸酶抗体，所以有人推测 1900 年左右在人群中可能发生过类似马 2 型病毒株的流行。近来也发现马 1 和马 2 型病毒株均发生了抗原性小变异。

禽甲型流感病毒，其表面抗原有血凝素至少 10 种，神经氨酸酶 6 种。除此而外，几乎所有人、猪和马的甲型流感病毒的表面抗原均能在禽流感病毒中找到。除乌克兰一类病毒株（H3N8）在人血清中能查到抗体外，仅少数人报道在人血清中能查到其他禽流感病毒抗体，如 N3 的抗体。禽流感病毒在某些方面显然不同于其他流感病毒：对外界环境抵抗力很强，具有耐酸性；除能经呼吸道传播外，经胃肠道也能传播；在同一时间、地点甚至同一鸟群中可同时存在各种亚型的流行株等。有人认为禽类可能是人流感病毒天然储存宿主；但至今尚缺乏可靠的证据。目前世界上已发现的禽甲型流感病毒的各种亚型，几乎均已在中国禽类中找到。

西班牙流感病毒

西班牙流感病毒是因首先由西班牙公布疫情而得名。这是不正规的称法。由于 1918 年—1919 年著名的世界性流感大流行是西班牙首先公布的，故称这次流感为西班牙流感，造成这次流行的病原称之为西班牙流感病毒。而后根据血清学追溯等方面研究推断，1918年—1919年大流行的病原为1930年从猪中分离到的猪甲型流感病毒，故有时将1918年—1919年的流感称为猪型流感，其病原叫做猪型流感病毒。虽然这类病毒 Hsw1N1 目前归属于甲1型流感病毒，但为与其他甲1型病毒区别开，故目前凡是病毒颗粒表面抗原为 H1N1 的这类病毒仍称之为猪型流感病毒或西班牙流感病毒，凡是由这

西班牙流感病毒

类病毒造成流感流行或散在病例也仍称之为猪型流感或西班牙流感。

黄病毒

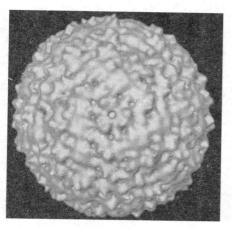

黄病毒

黄病毒属是一大群具有包膜的单正链 RNA 病毒。该类病毒通过吸血的节肢动物（蚊、蜱、白蛉等）传播而引起感染。过去曾归类为虫媒病毒。在我国主要流行的黄病毒有乙型脑炎病毒、森林脑炎病毒和登革病毒。

黄病毒的共同特征有：

（1）病毒呈小球形，直径多数为40～70纳米，该病毒表面有脂质包膜，其上镶有糖蛋白组成的刺突，包膜内为廿面体对称的核衣壳蛋白，中性含病毒 RNA。

（2）病毒基因组核酸为单股正链 RNA。病毒均在细胞质中增殖。

病毒家族的历史

（3）病毒对热、脂溶剂和去氧胆酸钠敏感，在 pH 值为 3～5 的条件下不稳定。

（4）病毒的传播媒介是节肢动物（蚊、蜱、白蛉等）。这些节肢动物又是病毒的储存宿主，人、家畜、野生动物及鸟类动物受其叮咬后感染。

登革病毒

登革病毒是登革热的病原病毒。登革热以持续 1 周时间的高热和皮肤发疹为特征。多见于热带地区。第二次世界大战后，在日本也曾有过流行。属于虫媒病毒的披膜病毒。病毒粒子直径为 50 纳米，球状，根据抗原性的差别分为 4 型。主要是由埃及伊蚊为媒介。将发热期患者血液接种到幼稚小鼠的脑内可被分离固定。

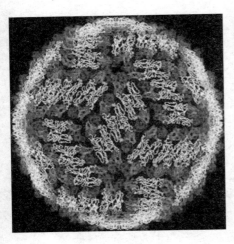

登革病毒

登革病毒感染引起登革热。该病流行于热带、亚热带地区，特别是东南亚、西太平洋及中南美洲。我国于 1978 年在广东佛山首次发现本病，以后在海南岛及广西等地均有发现。

登革病毒属于黄病毒科，形态结构与乙脑病毒相似，但体积较小，约 17～25 纳米，依抗原性不同分为 1、2、3、4 四个血清型，同一型中不同毒株也有抗原差异。其中 2 型传播最广泛，各型病毒间抗原性有交叉，与乙脑病毒和西尼罗病毒也有部分抗原相同。病毒在蚊体内以及白纹伊蚊传代细胞（C6/36 细胞）、猴肾、地鼠肾原代和传代细胞中能增殖，并产生明显的细胞病变。

登革病毒经蚊（主要是埃及伊蚊）传播。病人及隐性感染者是本病的主要传染源，而丛林中的灵长类是维护病毒在自然界循环的动物宿主。

人对登革病普遍易感。潜伏期约3~8天。病毒感染人后，先在毛细血管内皮细胞及单核巨噬细胞系统中复制增殖，然后经血流扩散，引起发热、头痛、乏力，肌肉、骨骼和关节痛，约半数伴有恶心、呕吐、皮疹或淋巴结肿大。部分病人可于发热2~4天后症状突然加重，发生出血和休克。临床上根据上述症状可将登革热分为普通型和登革出血热/登革休克综合征2个类型。后者多发生于再次感染异型登革病毒后，其基本病理过程是异常的免疫反应，它涉及病毒抗原—抗体复合物、白细胞和补体系统，病情较重，病毒率高。

病人感染7天后血清中出现血凝抑制抗体，稍后出现补体结合抗体。在实验诊断中，利用C6/36细胞分离病毒是最敏感的方法，用收获液作抗原，进行血凝抑制试验可迅速作出鉴定。取病人血清做中和、血凝抑制和补体结合试验，可提供诊断的依据。近年有用ELISA捕捉法检测IgM抗体早期诊断。目前本病尚无特异防治办法。

流感的传播

防治流感病毒一方面要加强流感病毒变异的检测，尽量作出准确的预报，以便进行有针对性的疫苗接种；另一方面是切断流感病毒在人群中的传播，流感病毒依靠飞沫传染，尽早发现流感患者、对公共场所使用化学消毒剂熏蒸等手段可以有效抑制流感病毒的传播；对于流感患者，可以使用干扰素、金刚烷胺、奥司他韦等药物进行治疗，干扰素是一种可以抑制病毒复制的细胞因子，金刚烷胺可以作用于流感病毒膜蛋白和血凝素蛋白，阻止病毒进入宿主细胞，奥司他韦可以抑制神经氨酸酶活性，阻止成熟的病毒离开宿主细胞。还有迹象显示板蓝根、大青叶等中药可能有抑制流感病毒的活性，但是未获实验事实的证实。除了针对流感病毒的治疗，更多的治疗是针对流感病毒引起的症状的，包括非甾体抗炎药等，这些药物能够缓解流感症状但是并不能缩短病程。

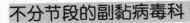
不分节段的副黏病毒科

副流感病毒

副流感

一般是把副流感病毒归入呼吸道病毒，但这并非是病毒分类学上的名称，只不过是习惯上对一些由呼吸道传播的病毒的总称。

副流感病毒虽然与流感病毒的核酸类型都是 RNA（核糖核酸），而且两种病毒的结构基本相似，都由遗传物质和蛋白质外壳组成，但由于副流感病毒遗传物质 RNA 中的某些基因与流感病毒不同，结果导致其蛋白质外壳和抗原不同，所以在分类上，流感病毒属于正黏病毒，而副流感病毒属于副黏病毒，二者对人体的侵袭力强弱有一些差异。

副流感病毒可以引起人们的主要疾病有：普通感冒、支气管炎、细支气管炎和肺炎等，与副流感病毒相似的鼻病毒、冠状病毒、腺病毒等也可以引起普通感冒，甚至支气管炎。但是，属于正黏病毒科的流感病毒，是引起流行性感冒的病原体，和副流感病毒完全不是一个家族。

在分类上，副流感病毒与流感病毒也不一样。流感病毒分甲、乙、丙型，而甲型是导致人患流感的致病病毒。但副流感病毒则分为 4 型，即 PIV1—4。香港前次的儿童感染副流感病毒检测结果主要是 4 型，也有个别病例检测出了 3 型副流感病毒，所以可以认为是 3 型和 4 型同时侵袭儿童的结果。

由于流感病毒属于正黏病毒，而副流感病毒属于副黏病毒，两者在生物学特性也有一些不同。比如，流感病毒有神经氨酸酶，而副流感病毒多数没有；流感病毒无溶血作用，而副流感病毒有溶血作用。

另外，副流感病毒还有一些同胞兄弟，如麻疹病毒、流行性腮腺炎病毒、呼吸道融合细胞病毒和新城病毒等。呼吸道融合细胞病毒和副流感病毒一样

病毒家族的历史

引起普通感冒、气管炎和肺炎；新城病毒则主要在鸡中传播，引起新城鸡瘟。

副流感毒的传播途径和防治

虽然副流感病毒与流感病毒存在一定区别，但传播途径、症状以及治疗方法都非常相似。感染副流感病毒都会有发热、喉咙痛、全身骨痛等症状，与 SARS 和流感差不多，部分人会有腹泻、呕吐。副流感病毒侵袭人体后初期症状和流感较类似，都是鼻塞、流鼻涕、眼结膜出血、全身酸痛等症状，只不过较轻，也容易治愈。但是，患者得的是流感还是副流感，必须从患者的分泌物中将病毒分离出来检测，或者进行特异性血清检测，才能进行判断。所以，一旦有感冒症状，应当尽快去医院就医，并明确诊断和对症治疗。

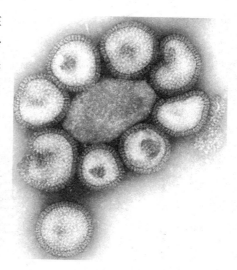

副流感病毒

副流感病毒在寒冷、干燥的环境中相对活跃，因此副流感病毒感染多发生在冬春季，主要通过空气中的飞沫，经呼吸道传播。因此在预防上和SARS、流感差不多，市民要注意保持个人卫生，常洗手，室内经常通风换气；尽可能少去公共场所；注意天气变化，及时增减衣服；加强体育锻炼，多饮水，多吃蔬菜和水果，增加呼吸道的抵抗力。另外，一旦发现病人，应隔离传染源。而探望病人时要戴口罩，避免对着人咳嗽、打喷嚏等。

副流感病毒感染人的潜伏期是 3 ~ 7 天，与流感一样属于自限性疾病，一般 6 ~ 7 天自行痊愈。但它对人体危害主要是会引起严重的肺部并发症，所以在治疗上一般可以进行对症治疗，即有支气管炎就治支气管炎，有肺炎就治肺炎。而在预防上，除了上述一些措施外，普通居家中还可以用醋酸、巴士消毒液等消毒剂消毒。

病毒家族的历史

一般健康成年人的免疫系统比较完善，不易被该病毒感染，即使感染后症状也较轻。但幼儿、儿童的免疫系统不完善，感染后症状严重，往往会引起支气管炎、肺炎、呼吸衰竭，因此在预防上儿童和婴幼儿是重点防护对象。此外，副流感病毒也会感染一些有慢性病的老年人，因此老年人也应与婴幼儿一样进行重点预防。

副流感病毒 2 型

副流感病毒 2 型是一种 RNA 病毒，属副黏病毒科副黏病毒属。本病毒是 1955 年 Cha-nock 等分离到的，又称格鲁布有关病毒（CA）、急性喉气管支气管炎病毒。

病毒颗粒直径约为 150 纳米。核壳体的螺旋直径为 12～17 纳米，有一种中空的核 5 纳米。具有血凝活性、神经氨酸酶活性以及血溶活性。可凝集鸡、豚鼠

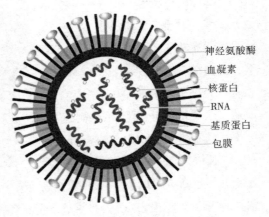

神经氨酸酶
血凝素
核蛋白
RNA
基质蛋白
包膜

副流感病毒 2 型

红细胞和人 O 型红细胞。其补体结合抗原和血凝素抗原是型特异性的，与其他型副流感病毒有异种血清反应，与腮腺炎病毒有血清交叉反应。病毒可以在原代猴肾细胞、人胚肾细胞、wl‑38 人肺二倍体细胞株、HeLa 细胞、HEP‑2 细胞等中增殖。有明显的血细胞吸附现象。细胞病变的特点是形成细胞融合，病变区域似"瑞士乳酪"。胞质内常有嗜酸性包涵体。病毒也可在鸡胚羊膜腔增殖，但是不如细胞培养敏感。病毒可以感染地鼠和豚鼠，但不引起明显的症状。

本病毒与急性喉气管支气管炎的病原有关，它较副流感病毒 1、3 型的流行更为散发。美国资料表明，从15%～17%的喉气管支气管炎儿童以及 2%的其他呼吸道疾病的人群可以分离出本病毒。但是，副流感病毒 2 型在中国较

为少见，在 447 名病毒性呼吸道感染的患儿中只有 1 例证明是由本病毒引起的（0.2%），但抗体调查表明中国 15 岁以上的人群中 80% 以上有 CA 病毒抗体，10 岁以下儿童的抗体阳性较少。志愿者试验说明，本病毒可以引起人类呼吸道疾病。成人的症状有咽肿、鼻塞、感冒等。感染率与攻击前的血清抗体水平有关，在一般情况下，抗体滴度 1∶16 以上就可以预防感染。曾试制灭活疫苗，虽血清抗体阳转，但不能证明对自然感染的保护。

副流感病毒 3 型

副流感病毒 3 型是一种 RNA 病毒，属副黏病毒科副黏病毒属。本病毒是 1957 年 Chanock 等分离到的，也称血细胞吸附病毒 1 型（HA－1）。中国于 1962 年也分离到这型病毒。

电镜下测得病毒的大小为 120～180 纳米。包膜厚约 10 纳米。具有血凝活性。其可溶性补体结合抗原和血凝素抗原是型特异性的，但与其他型副流感病毒可以引起不同程度的交叉反应。来自人和牛的副流感病毒 3 型具有共同的抗原成分。大约有 25% 的腮腺炎患者有明显的对 3 型病毒的抗体上升。病毒可以在人、猴、牛、狗、豚鼠的肾原代细胞中增殖，也可以在成人和胎儿的呼吸道组织的器官培养中增殖。在 HeLa 等传代细胞系增殖的敏感性较差。用猴肾细胞分离 3 型病毒的敏感性比人肾细胞约高 3 倍。细胞病变的特点是出现多核融合细胞，胞质内出现嗜酸性包涵体。病毒在经过适应以后才能在鸡胚增殖。地鼠和豚鼠鼻腔接种可以引起无明显症状的感染。

本病毒是副流感病毒中传播最快的一种病毒，可以引起小的流行，全年都可以发生。但以早秋和晚冬发病率较高。根据美国资料，本病毒可以引起 3%～5% 的呼吸道疾病。临

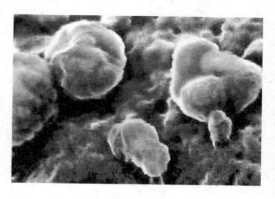

副流感病毒 3 型

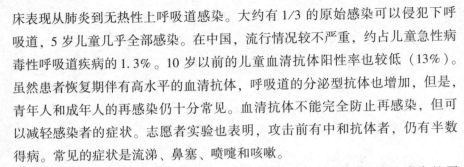

床表现从肺炎到无热性上呼吸道感染。大约有 1/3 的原始感染可以侵犯下呼吸道，5 岁儿童几乎全部感染。在中国，流行情况较不严重，约占儿童急性病毒性呼吸道疾病的 1.3%。10 岁以前的儿童血清抗体阳性率也较低（13%）。虽然患者恢复期伴有高水平的血清抗体，呼吸道的分泌型抗体也增加，但是，青年人和成年人的再感染仍十分常见。血清抗体不能完全防止再感染，但可以减轻感染者的症状。志愿者实验也表明，攻击前有中和抗体者，仍有半数得病。常见的症状是流涕、鼻塞、喷嚏和咳嗽。

灭活疫苗不仅没有保护效果，反而由于超敏反应而增加自然感染的严重性。

副流感病毒 4 型

副流感病毒 4 型是一种 RNA 病毒，属副黏病毒科副黏病毒属。本病毒是 1958 年 Iohnson 等分离到的，称为 M－25。

病毒颗粒大小约为 150 纳米。包膜有血凝素，可以凝集豚鼠、恒河猴、人 O 型和鸡红细胞，但血凝滴度很低，所以，常以血细胞吸附作为识别病毒增殖的指标。其可溶性补体结合抗原是型特异性的。交叉中和试验表明副流感病毒 4 型具有 2 个亚型：M－25a 和 M－25b。本病毒与腮腺炎病毒有共同的抗原成分。病毒可以在原代猴、人、牛、地鼠肾细胞上增殖。但最敏感的细胞是猴肾细胞。细胞病变不明显，但可以引起胞质内嗜酸性包涵体。地鼠和豚鼠鼻腔接种病毒可以引起不显性感染。本病毒不能在鸡胚增殖。

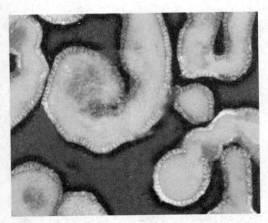

副流感病毒 4 型

副流感病毒 4 型可以引起人类呼吸道感染。1963 年在北京市某托儿所一次急性呼吸道感染流行中分离出 2 株副流感病毒 4 型。此 2 例患者的双份血清均有 4 倍以上的中和抗体增长，在 13 例未分离出病毒的同班患儿（1～2 岁）中也有 11 例对该病毒有 2～16 倍中和抗体增长。患儿表现的临床症状有上呼吸道感染、气管炎、支气管炎、轻度肺炎（5 例）、喉炎、结膜炎等。平均病程为 4.8日，发热平均为 2.1 日。

仙台病毒

仙台病毒是一种 RNA 病毒，属副黏病毒科副黏病毒属。本病毒是 1952年首先在日本仙台分离到的。起先称为日本血凝病毒。因与 HA-2 病毒有共同的可溶性抗原成分，同属副流感病毒 1 型。其自然宿主是小鼠和猪。1956 年中国也分离到该病毒。

病毒颗粒大小与 HA-2 病毒相似。具有血凝活性、神经氨酸酶活性、血溶活性及融合细胞活性。中国学者证明仙台病毒有 2 个亚型：日本变异株和海参崴变异株，前者的血溶活性明显地高于后者。其血溶活性与新城疫病毒的相似。中国学者发现了在多种细胞培养上仙台病毒的急性融合细胞活性。随后发展的异种细胞融合形成杂交细胞的方法广泛地应用于遗传学的研究。融合细胞技术也可用于病毒分离。其神经氨酸酶活性与新城疫病毒也十分相近。仙台病毒与腮腺炎病毒有交叉血清学反应。

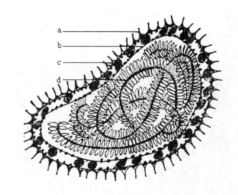

a.套膜上的钉芒具有唾液酸苷酶和血球凝集活动；
b.自细胞得来的病毒套膜；c.糖蛋白；d.染色体

仙台病毒

仙台病毒可以在猴肾细胞或人肾细胞中增殖。鸡胚羊膜或尿囊接种，病毒增殖良好。小白鼠、大白鼠、地鼠等啮齿类动物对仙台病毒敏感。有时可在动物室的乳鼠中引起流行。

一般认为仙台病毒是鼠类的副流感病毒。中国学者采用病毒分离及双份血清检查证实，仙台病毒可以引起人类呼吸道疾病。仙台病毒可以引起婴幼儿上呼吸道感染、气管炎、支气管炎及肺炎、喉炎。血清学调查表明：中国北京地区1963～1964年收集的6个月至5岁婴幼儿的血清中，抗仙台病毒的抗体阳性率为25%，仅次于甲z型（H2N2）流感病毒（64%）。而抗其他型的副流感病毒抗体阳性率仅为13%。在中国，仙台病毒感染占儿童急性呼吸道疾病的2.7%。

对本病毒引起的疾病尚无可靠的防治方法。

腮腺炎病毒

腮腺炎病毒是一种RNA病毒，属副黏病毒科副黏病毒属。可引起人类的腮腺炎。1934年Johnson等通过感染猴的试验，证明本病毒可引起腮腺炎。1946年Beveridge从腮腺炎患者取标本，通过鸡胚卵黄囊接种分离成功。本病毒的自然宿主是人。

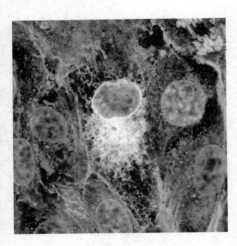

腮腺炎病毒

病毒颗粒呈圆形，大小悬殊，为100～200纳米。核壳体为螺旋对称，直径17纳米，螺距5纳米，有一中空部分，直径为4～5纳米。有包膜，厚15～20纳米。表面有小的突起，含有血凝素、血溶素和神经氨酸酶。感染性颗粒可被乙醚、氯仿、福尔马林，56℃作用20分钟及紫外线所灭活。在－70℃可以存活数年。腮腺炎病毒可以凝集鸡、人O型及豚鼠红细胞；在组织培养中增殖时有明显的红细胞吸附现象。其血溶活性与仙台病毒及

新城疫病毒相似。本病毒仅有1个血清型。通过补体结合试验可查出2种抗原：①与病毒颗粒密切相结合的病毒颗粒抗原，称为V抗原；②可溶性抗原，相当于核蛋白，称S抗原。腮腺炎病毒与副流感病毒有共同的抗原关系。本

病毒在鸡胚羊膜或卵黄囊中生长良好。人胚肾、猴肾细胞培养也很敏感。经适应后也可在鸡胚细胞增殖。细胞病变的特点是产生胞质内嗜酸性包涵体和有时形成融合细胞。本病毒可引起猴和幼啮齿动物感染。

本病毒可引起人类的腮腺炎，有时并发睾丸炎和脑膜炎。潜伏期为18～21天。腮腺肿胀一般为两侧，持续7～10天。大约20%的13岁以上的男性患者在腮腺发炎后1～7天可以并发睾丸炎，但由此而引起的不育症却很少见。因为，仅15%的病例侵犯两侧睾丸，而且也不是侵犯全腺体。有1%～10%病例可并发无菌性脑膜炎。但多为轻型，能自愈。一般可终生免疫，二次感染极少。腮腺炎病毒感染可以引起病毒血症。本病在世界各地都有流行。大约每7～8年有一次流行；大约有30%的病例是隐性感染。本病无特效治疗，但有减毒活疫苗进行预防。接种者有95%的抗体阳转。在1岁以后一次皮下接种即可，免疫力至少可持续6年。

新城疫病毒

新城疫病毒又称亚洲鸡瘟病毒、伪鸡瘟病毒或禽肺脑炎病毒。在病毒分类学中的位置属于副黏病毒科副黏病毒属中的一个种。该病毒主要危害鸡、珠鸡和火鸡，在被侵袭的鸡群中迅速传播，强毒株可使鸡群全群毁灭。弱毒株仅引起鸡群呼吸道感染和产蛋量下降，但可迅速康复。人类可因接触病禽和活毒疫苗而引起结膜炎或淋巴腺炎，但很快便康复。

新城疫病毒是ss-RNA病毒，有包膜。病毒颗粒具多形性，有圆形、椭圆形和长杆状等。成熟的病毒粒子直径100～400纳米。包膜为双层结构膜，由宿主细胞外膜的脂类与病毒糖蛋白结合衍生而来。包膜表面有长12～15纳米的刺突，具有血凝素、神经氨酸酶和溶血素。病毒的中心是ss-RNA分子与附在其上的蛋白质衣壳

家鸽感染新城疫病毒

粒，缠绕成螺旋对称的核衣壳，直径约 18 纳米。成熟的病毒是以出芽方式释放至细胞外。

新城疫病毒对外界环境的抵抗力较强，55℃ 作用 45 分钟和直射阳光下作用 30 分钟才被灭活。病毒在 4℃ 中存放几周，在 -20℃ 中存放几个月或在 -70℃ 中存放几年，其感染力均不受影响。在新城疫暴发后 8 周之内，仍可在鸡舍、蛋巢、蛋壳和羽毛中分离到病毒。

病毒对乙醚敏感。大多数去污剂能将它迅速灭活。氢氧化钠等碱性物质对它的消毒效果不稳定。3%～5% 来苏尔、酚和甲酚 5 分钟内可将裸露的病毒粒子灭活。在 37℃ 的孵卵器内，用 0.1% 福尔马林熏蒸 6 小时便可把它灭活。

新城疫病毒的所有毒株都能凝集多种禽类和哺乳类动物的红细胞。大多数毒株能凝集公牛和绵羊的红细胞。在病毒的血凝试验中，鸡的红细胞最为常用。

该病毒可在 9～12 日龄的鸡胚绒毛尿囊膜上和尿囊腔中培养，大多数毒株也可在兔、猪、犊牛和猴的肾细胞以及鸡组织细胞等继代或传代细胞中培养。鸡胚的成纤维细胞、鸡胚和仓鼠的肾细胞常用于新城疫病毒的培养。

对新城疫病的免疫防治，应以预防接种为主要措施。接种用的疫苗有 2 大类，一类为灭活疫苗，另一类为弱毒苗。目前灭活疫苗主要有：新城疫油乳剂灭活苗；新城疫—传染性法氏囊—减蛋综合征油乳剂联苗；新城疫—传染性法氏囊—传染性鼻炎油乳剂联苗；新城疫—传染性支气管炎；新城疫—肾型传染性支气管炎等多种联苗。弱毒苗主要有传统的 Ⅰ 系、Ⅱ 系、Ⅲ 系、Ⅳ 系等弱毒疫苗。

呼吸道合胞病毒

呼吸道合胞病毒是一种 RNA 病毒，属副黏液病毒科。该病毒经空气飞沫和密切接触者传播。多见于新生儿和 6 个月以内的婴儿。潜伏期 3～7 日。婴幼儿症状较重，可有高热、鼻炎、咽炎及喉炎，以后表现为细支气管炎及肺炎。少数病儿可并发中耳炎、胸膜炎及心肌炎等。成人和年长儿童感染后，主要表现为上呼吸道感染。确诊可分离病毒及做血清补体结合试验和中和试验。应用免疫荧光技术检查鼻咽分泌物中病毒抗原，可作快速诊断。治疗以支持和对症疗法为主，有继发细菌感染时，可用抗菌药治疗。预防同其他病毒性呼吸道感染。

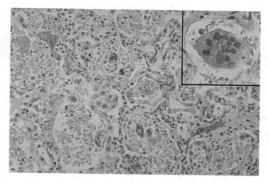

呼吸道合胞病毒

呼吸道合胞病毒性肺炎简称合胞病毒性肺炎，是一种小儿常见的间质性肺炎，多发生于婴幼儿。由于母传抗体不能预防感染的发生，出生不久的小婴儿即可发病，但新生儿较少见。国外偶有院内感染导致产科医院新生儿病房暴发流行的报道。

1. 病因学

呼吸道合胞病毒（简称合胞病毒，也属副黏病毒科）是引起小儿病毒性肺炎最常见的病原，可引起间质性肺炎及毛细支气管炎。在北京，48%的病毒性肺炎和58%的毛细支气管炎系由合胞病毒引起（1980—1984）；在广州，小儿肺炎及毛细支气管炎的31.4%由合胞病毒引起（1973—1986）；在美国，20%~25%的婴幼儿肺炎和50%~75%的毛细支气管炎由合胞病毒引起。

RSV在电镜下所见与副流感病毒类似，病毒颗粒大小约为150纳米，较副流感病毒稍小，为RNA病毒，对乙醚敏感，无血球凝集性，在人上皮组织培养形成特有的合胞，病毒在胞浆内增殖，可见胞浆内包涵体。合胞病毒只有1个血清型，最近分子生物学方法证明有2个亚型。

2. 病理改变

合胞病毒感染的潜伏期为2~8天（多为4~6天）。合胞病毒性肺炎的典型所见是单核细胞的间质浸润。主要表现为肺泡间隔增宽和以单核细胞为主的间质渗出，其中包括淋巴细胞、浆细胞和巨噬细胞。此外肺泡腔充满水肿液，并可见肺透明膜形成。在一些病例，亦可见细支气管壁的淋巴细胞浸润。

在肺实质出现伴有坏死区的水肿，导致肺泡填塞、实变和萎陷。少数病例在肺泡腔内可见多核融合细胞，形态与麻疹巨细胞相仿，但找不到核内包涵体。

加德纳（1970年）解剖合胞病毒性肺炎死亡病儿1例，用组织荧光抗体检查法检出大量合胞病毒，未见人球蛋白沉着，认为肺炎病变可能主要是合胞病毒对肺的直接侵害，并非变态反应所致。

3. 流行病学

合胞病毒感染极广。在北京用免疫荧光法测定血清 IgG 抗全的结果（1978年）：脐带血阳性率93%，出生至1个月为89%，1～6个月为40%，2～3岁均达70%以上，4～14岁均为80%左右阳性（补体结合测定与此一致）。

由于母传抗体不能完全地预防感染的发生，合胞病毒性肺炎在出生后任何时候都可能发生。多见于3岁以下，1～6个月可见较重病例，男多于女。我国北方多见于冬春季，广东则多见于春夏。由于抗体不能完全防止感染，合胞病毒的再感染极为常见，有人观察10年，再感染发生率高达65%。合胞病毒的传染性很强，有报道家庭成员相继发生感染，在家庭内发生时年长儿及成人一般为上呼吸道感染。文献报道院内继发合胞病毒感染率高达30%～50%。

 知识点

补铁防流感

研究发现，缺铁人群的免疫能力较低。当人体内铁元素含量不足时，免疫系统中起控制调节作用的 T 细胞含量就会下降，从而造成免疫系统无法有效运作。此外，铁是血红蛋白的重要组成部分，铁摄入增加，可促进血红蛋白的合成，促进末梢循环，避免手脚冰凉。因为脚对温度比较敏感，若脚部受凉，会反射性地引起鼻黏膜血管收缩，使人容易受流感病毒侵扰。富含铁质的食物主要有动物肝脏、肉类、猪血、鸭血、蛋、深色蔬菜等。

病原性不明的呼肠孤病毒科

呼肠孤病毒

呼肠孤病毒是一组分节段的双链 RNA 病毒，属呼肠孤病毒科。

呼肠孤病毒为正廿面体，直径 76 纳米，呈六角形的颗粒，有内外双层核壳，包围着直径 52 纳米的核心。核心含 45% RNA。外层核壳含有 92 个凹状、圆柱状空心的壳粒，长 10 纳米，宽 8 纳米，空心直径为 4 纳米。

呼肠孤病毒的化学组成主要是蛋白质和 RNA，不含多糖和脂类。RNA 为双螺旋形结构，可分为 10 个节段，总分子量为 $(14 \sim 15) \times 10^6$。核酸占病毒成分的 14%。呼肠孤病毒蛋白的 70% 是外层核壳蛋白，其余为核心蛋白。核心的双链 RNA 并不与蛋白结合。核心内含有由亲代双链 RNA 转录的 mRNA 所构成的 RNA 多聚酶。

呼肠孤病毒对热和一般消毒剂的抵抗力都很强，有的病毒株，经 56℃ 作用 2 小时或 70℃ 作用 30 分钟也不被灭活，在 37℃ 的条件下能存活数天，-20℃ 或 -70℃ 能保存数月或 1 年仍不失去感染性。病毒在 2% 来苏尔、3% 甲醛、1% 酚溶液以及 1% 过氧化物等常用的消毒剂中，在室温条件下至少存活 1 小时；但在 70% 酒精中，室温条件下 1 小时则被灭活。56℃ 时病毒可被 3% 甲醛溶液杀死。呼肠孤病毒对乙醚、氯仿、去氧胆酸钠等都有抵抗，这表明呼肠孤病毒不含脂类。呼肠孤病毒在 pH 值 2.2 ~ 8 之间很稳定。在 2 摩尔 MgCl（氯化镁）溶液中，加热 50℃，病毒致病性反而增强 4 ~ 8 倍；但增加其他二价阳离子，同样条件，致病性并不增强。

呼肠孤病毒可在许多不同的宿主体内增殖，如鸡胚绒毛尿囊膜、尿囊。在猴、牛、狗、豚鼠、雪貂、地鼠、乳鼠体内能增殖。在人和动物的组织培养细胞，如人、猴、土拨鼠、猫、猪、狗、牛和羊等的原代细胞中能很好地增殖。对 HeLa、KB、FL、BSC - 1 等传代细胞也很易感。病毒分离和滴定时，常用猴肾细胞。呼肠孤病毒在细胞内增殖后病毒颗粒在细胞质内呈晶格状排列，其中除有完整的病毒颗粒外，还有不完整的病毒颗粒和管形构造。病毒在细胞内增殖，在细胞核的周围形成 Feulgen 阴性、含 RNA 的细胞质内包涵体。细胞病变出现缓慢，常常感染后 10 ~ 14 天才出现细胞病变。呼肠孤病毒的典型细胞病变不同于肠道病毒，主要是细胞出现颗粒性变化，如果感染剂量较小，细胞病变则难以同非特异性细胞退化相区别。

所有哺乳类呼肠孤病毒在 4℃、25℃、37℃ 等不同温度都能凝集人 O 型红细胞。人类呼肠孤病毒 3 型还能在 4℃ 凝集牛红细胞。用受体破坏酶（RDE）处理牛红细胞后，就失去凝集病毒的作用，但人红细胞不受 RDE 的影响。呼肠孤病毒的血凝素在 4 ~ 37℃ 最稳定，56℃ 则被破坏。乙醚不破坏血凝性，也不影响感染性。氯仿能破坏血凝性，但对感染性无影响。由于 N－2 酰氨基葡糖能够与病毒核壳结合，因而能抑制血凝现象。

呼肠孤病毒在人和动物中广泛传播。从健康儿童体内，常能分离出呼肠孤病毒，从冬季发热的患儿，患腹泻和肠炎、脂肪痢的儿童以及患上呼吸道感染的儿童、患感冒的成人都能分离出呼肠孤病毒。另外，从患有流行性鼻炎的猩猩和患肺炎的猴子等动物体内也能分离出病毒。用呼肠孤病毒感染志愿者鼻腔，结果出现类似感冒的症状并有抗体升高现象。实验感染可以使猴子发生脑炎或肝炎，猩猩出现感冒。感染乳鼠，病毒侵犯神经、心肌、肝脏等。感染怀孕的小鼠，则胎鼠出现持续感染状态。实验感染结果表明，感染后，尽管在动物的肺和其他组织中含有大量病毒，血中也可查到抗体，但可不出现临床症状。人感染呼肠孤病毒后可能引起胃肠道疾患或出现轻度上呼吸道症状，临床症状多不明显。如果合并衣原体、细菌感染则出现严重临床症状。

人类呼肠孤病毒有共同的补体结合抗原。而血凝抑制抗体和中和抗体有型特异性，因此，用中和试验和血凝抑制试验能区分人类呼肠孤病毒为 1、2、3 型。2 型又可分为 1 亚型。1 型和 2 型的抗原性有交叉，因此，受呼肠孤病毒 1 型感染后，机体除有抗 1 型病毒抗体外，还出现抗 2 型病毒抗体；同样，受呼肠孤病毒 2 型感染后，体现抗 1、2 型病毒抗体都升高。但感染呼肠孤病毒 3 型后，机体只出现抗 3 型病毒的抗体。

　　根据抗体调查结果证明，呼肠孤病毒在人和野生动物以及家畜中广泛存在。多伦多进行了不同年龄人群的抗体调查，发现婴儿由母体获得的抗体在 3 ~ 6 个月就消失了。10 岁儿童中 1/2 以上带有 1 个型以上的抗体。随着年龄的增长，抗体也随之增加，成人中 80% ~ 100% 带有 1 个型以上的抗体。牛感染呼肠孤病毒后，病毒在牛粪中能存留较长时间。因此，由于接触牛或饮用被病毒污染的牛奶，可使人受到感染。也曾在蚊体内发现呼肠

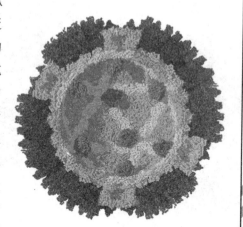

呼肠孤病毒

孤病毒 3 型，但没有证据说明呼肠孤病毒可经昆虫媒介造成人类感染。由于粪便中容易分离出病毒，所以多认为呼肠孤病毒是通过粪便经口感染，也可能是经呼吸道感染，但咽部取材很少能分离出病毒。国内资料证明，患者或病毒携带者的粪便污染手、水、食物及日用品等，通过较密切的日常生活接触或饮用水和食物等经口传染是主要的传播方式。流行季节多在秋冬季节。

　　呼肠孤病毒的实验诊断方法，主要是由患者粪便标本和咽漱液中分离病毒，也可以取患者的尿、血液、脑脊液尸检时可以取各种脏器进行病毒分离。最常使用的组织培养细胞是猴肾细胞，各种动物的肾细胞都可以使用。也可使用原代人肾以及 HeLa、KB、人羊膜、BSC－1. L 细胞等传代细胞。接种标本后，置 37℃ 静止培养 21 天，必要时继续盲目传代。鉴定病毒一般先用补体结合试验确定是否为呼肠孤病毒，然后再用血凝抑制试验或中和试验定型。免疫血清多用原来没有天然抗体的家兔制备，也可以用豚鼠、公鸡制备。除分离病毒外，还可以采用血凝抑制试验进行血清学诊断。

轮状病毒

　　轮状病毒呈球形，是分阶段的双链 RNA，结构稳定，耐热，耐酸碱，表

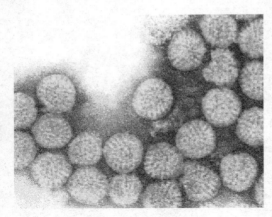

轮状病毒

面有血凝素，抑制 V 与细胞的接触，可用胰酶破坏血凝素，培养较困难。

轮状病毒进入人体后，主要感染小肠上皮细胞，从而造成细胞损伤，引起腹泻。与此同时，能帮助人体消化的小肠茸毛受损断裂，小肠吸收不到人体的水分、养分，粪便排出体外后成水状。有患者在轮状病毒排毒期每天拉肚子 10～20 次后出现脱水，不止泻的话就会进一步危及生命。此外，近年来还发现个别病人肠套叠、抽搐的并发症。

小肠绒毛要 1 周才能修复，在此之前患儿若喝奶粉、母乳、牛奶、蔗糖类食物，还可能延长拉肚子的时间。

婴幼儿秋季腹泻就是一种病毒感染性腹泻。据调查，这种腹泻有 80%～90% 是由轮状病毒引起的。该病毒在电子显微镜下观察呈圆球状，中间的壳体像车轮的辐条一样呈向外放射状排列，外边的壳体类似车轮的外缘，形态极像车轮，故起名叫轮状病毒。

轮状病毒在全世界都有分布，早在 20 世纪 30 年代就曾在欧美国家流行过，在亚洲、非洲、拉丁美洲等发展中国家，是导致婴幼儿死亡的主要原因之一。我国自 20 世纪 50 年代开始，也曾先后在 20 多个省市发生过流行，其流行范围几乎遍及全国。这种病毒还曾在产科病房的婴儿室中引起过相互感染，导致多名婴儿发生腹泻，有的甚至造成死亡。

据测试，轮状病毒在 50℃ 的高温下，1 小时仍然不会死亡；在 -20℃ 的严寒条件下，可以存活 7 年；在 -70℃ 的环境中可以长期保存。它对酸碱也有较强的耐受性，一般的洗涤剂对它毫无杀灭作用，但在外界环境中不能繁殖。正是由于该病毒的这些特点，才使它在不利的环境中能长期潜伏等待，

病毒家族的历史

一旦有机会进入人体，便会大量繁殖致病；然后随粪便排出体外，污染外部环境，重新感染别人。这样周而复始，至今人类还没有找到能有效杀灭该病毒的有效药物。

轮状病毒在庞大的病毒家族中虽然只是一个小小的支系，但它也有兄弟姐妹。资料显示，目前人们将轮状病毒分为2大类10多个组型。每型引发的症状基本相似，只是症状略有轻重之分。当人体受到轮状病毒侵袭后2～3天，体内即可产生对抗这种病毒的抗体。一般在短时间内，即使是再受到这种病毒的感染，也不会发病。但各型之间并无交叉免疫，也就是说，当受到Ⅰ型轮状病毒感染后，产生了对Ⅰ型病毒的抗体，若再受到Ⅰ型病毒的侵袭可能不会发病；但若受到Ⅱ型病毒的侵袭，仍然会发病。新生儿的母亲大多数都曾受到过不同轮状病毒的感染，因此，母亲早期的乳汁中会含有大量各种类型的抗体，新生儿吃母乳，特别是初乳，能起到很好的保护作用。

儿童轮状病毒腹泻的传染源主要是排毒的成人或孩子。病毒排出后常污染水源、食品、衣物、玩具、用具等。当健康人接触了这些物品时，会通过手、口途径进入人体。从动物实验中还证实，病毒通过呼吸道也可进入动物体内引起消化道病变。人是否也可以通过空气被轮状病毒感染，至今尚未得到证实。

腹泻在我国多发生在10～12月，约占发病总数的80%，其次在3～5月份也有一个小的发病高峰期。当婴幼儿受到轮状病毒感染后，经过1～3天的潜伏期便开始发病。早期的主要症状是呕吐、体温在38～39℃，继而出现腹泻，每天大便在10次左右，个别孩子可达20次。早期可有粪便，经数次腹泻后，大便呈水样或稀米汤样，无脓血且量较多。由于患儿大量失水，很快发生脱水现象，出现精神萎靡、表情淡漠、嗜睡、面色灰白、前囟门和眼窝下陷，皮肤松弛，捏起后不能立即展平，尿少，口腔黏膜干燥等症状，若不及时纠正脱水状态，常可导致死亡。医生或有经验的家长根据季节、水样大便、无脓血等特点，作出正确诊断并不难，关键是能否得到正确及时的治疗。

目前，杀灭轮状病毒尚无特效药物，现在使用的各种抗菌药物都对病毒无效。正确的治疗方法就是尽快纠正孩子的脱水、酸中毒。对于症状轻的孩子可用口服补液的方法进行纠正。常用的是世界卫生组织推荐的口服补液盐（配方为：氯化钠3.5克，碳酸氢钠2.5克，氯化钾1.5克，葡萄糖20克加水1000毫升），可让孩子当水喝。症状重一些的孩子可用静脉输液的方法纠正脱水和酸中毒，同时配以潘生丁口服。据报道，潘生丁对轮状病毒有较明显的抑制作用。近年来，干扰素也被用来治疗轮状病毒感染，这种药可以抑制病毒在人体内的繁殖，从而减轻症状，缩短病程。

另外，口服补液剂也在不断改进。早先在东南亚用米汤代替葡萄糖口服液取得了较好的疗效。我国也有人曾用炒焦的大米或小米熬成米汤，代替补液剂口服，取得了明显的效果。具体制作方法是：把大米或小米用微火炒成焦黄色，然后加水熬成稀粥，过滤去掉米粒，用米汤喂孩子。炒焦了的米粒已部分碳化，有吸附毒素和止泻的作用，也可将焦米汤代替水加在世界卫生组织推荐的口服液剂中让孩子饮用。若无口服补液剂，可在每1000毫升焦米汤中加盐3.5克、小苏打2克、白糖30克饮用。米汤中的淀粉、维生素及其他矿物质，不但可以补充孩子的营养，还有利于孩子胃肠功能的恢复，是目前较理想的治疗方法。如果是新生儿得了秋季腹泻，应继续喂母乳或牛初乳，母乳或牛初乳中有90%左右都含有抗轮状病毒的抗体，孩子吃后可减轻症状或缩短病程。

近年来，对秋季腹泻的预防也有很大进展，除了按一般肠道传染病的预防方法，如隔离病人，饭前便后洗手，不吃未经清洗和腐败变质的食物外。有报道说，给孕妇接种轮状病毒疫苗，可使乳汁中轮状病毒抗体增加，新生儿吃这种母乳，能提高抗轮状病毒感染的能力。另外，口服的轮状病毒疫苗被认为是最有效而且简便易行的预防方法，目前很多国家都在研究之中，有的已制出活的减毒人轮状病毒疫苗、传代减毒活的牛或猴轮状病毒疫苗和减毒活重组疫苗。有的疫苗经临床试用，并未引起成人或婴儿的不良反应。还有的国家正在用DNA重组技术开发轮状病毒疫苗，可望在不久的将来，这种疫苗能像口服儿麻糖丸一样，在全世界普遍推广应用。

小核糖核酸病毒科

脊髓灰质炎病毒

脊髓灰质炎是急性传染病，由病毒侵入血液循环系统引起，部分病毒可侵入神经系统。患者多为 1 ~ 6 岁儿童，主要症状是发热，全身不适，严重时肢体疼痛，发生瘫痪。俗称小儿麻痹症。

脊髓灰质炎是一种急性病毒性传染病，其临床表现多种多样，包括程度很轻的非特异性病变，无菌性脑膜炎（非瘫痪性脊髓灰质炎）和各种肌群的弛缓性无力（瘫痪性脊髓灰质炎）。脊髓灰质炎病人，由于脊髓前角运动神经元受损，与之有关的肌肉失去了神经的调节作用而发生萎缩，同时皮下脂肪、肌腱及骨骼也萎缩，使整个机体变细。

脊髓灰质炎病毒是一种体积小（22 ~ 30 纳米），单链RNA 基因组，缺少外膜的肠道病毒。按免疫性可分为 3 种血清型，其中 Ⅰ 型最容易导致瘫痪，也最容易引起流行。

人是脊髓灰质炎病毒惟一的自然宿主，本病通过直接接触传染，是一种传染性很强的接触性传染病。隐性感染（最主要的传染源）在无免疫力的

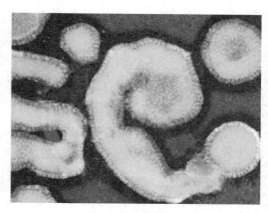

脊髓灰质炎病毒

人群中常见，而明显发病者少见；即使在流行时，隐性感染与临床病例的比例仍然超过 100：1。一般认为，瘫痪性病变在发展中国家（主要是热带地区）少见，但近来对跛行残疾的调查发现这些地区的发病率达到美国接种疫苗以

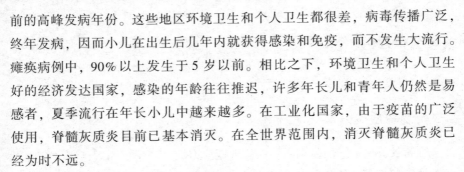

前的高峰发病年份。这些地区环境卫生和个人卫生都很差，病毒传播广泛，终年发病，因而小儿在出生后几年内就获得感染和免疫，而不发生大流行。瘫痪病例中，90%以上发生于5岁以前。相比之下，环境卫生和个人卫生好的经济发达国家，感染的年龄往往推迟，许多年长儿和青年人仍然是易感者，夏季流行在年长小儿中越来越多。在工业化国家，由于疫苗的广泛使用，脊髓灰质炎目前已基本消灭。在全世界范围内，消灭脊髓灰质炎已经为时不远。

临床表型差异很大，有2种基本类型：轻型（顿挫型）和重型（瘫痪型或非瘫痪型）。

轻型脊髓灰质炎占临床感染的80%～90%，主要发生于小儿。临床表现轻，中枢神经系统不受侵犯。在接触病原后3～5天出现轻度发热，不适，头痛，咽喉痛及呕吐等症状，一般在24～72小时之内恢复。

重型常在轻型的过程后平稳几天，然后突然发病，更常见的是发病无前驱症状，特别在年长儿和成人。潜伏期一般为7～14日，偶尔可较长。发病后发热，严重的头痛，颈背僵硬，深部肌肉疼痛，有时有感觉过敏和感觉异常，在急性期出现尿潴留和肌肉痉挛，深腱反射消失，可不再进一步进展，但也可能出现深腱反射消失，不对称性肌群无力或瘫痪，这主要取决于脊髓或延髓损害的部位。呼吸衰弱可能由于脊髓受累使呼吸肌麻痹，也可能是由于呼吸中枢本身受病毒损伤所致。吞咽困难，鼻反流，发声时带鼻音是延髓受侵犯的早期体征。脑病体征偶尔比较突出。脑脊液糖正常，蛋白轻度升高，细胞计数10～300个/微升（淋巴细胞占优势）。外周血白细胞计数正常或轻度升高。

治疗是对症性的。顿挫型或轻型非瘫痪型脊髓灰质炎仅需卧床几日，用解热镇痛药对症处理。

当急性脊髓灰质炎时，可睡在硬板床上（用足填板，有助于防止足下垂）。如果发生感染应给予适当抗生素治疗，并大量饮水以防在泌尿道内形成磷酸钙结石。在瘫痪型脊髓灰质炎恢复期，理疗是最重要的治疗手段。

脊髓病变引起呼吸肌麻痹，或者病毒直接损害延髓的呼吸中枢引起颅神经所支配的肌肉麻痹时，都可能导致呼吸衰竭。此时需要进行人工呼吸。对咽部肌肉无力，吞咽困难，不能咳嗽，气管支气管分泌物积聚的病人，应进行体位引流和吸引。常需要气管切开或插管，以保证气道通畅。在呼吸衰竭时常发生肺不张，故常需作支气管镜检查及吸引。若无感染不主张用抗菌药。

肝炎病毒

引起病毒性肝炎的病原体。人类肝炎病毒有甲型、乙型、非甲非乙型和丁型病毒之分。甲型肝炎病毒（HAV）呈球形，无包膜，核酸为单链 RNA。乙型肝炎病毒呈球形，具有双层外壳结构，外层相当一般病毒的包膜，核酸为双链 DNA。对非甲非乙型肝炎病毒和丁型肝炎病毒目前正在研究之中。甲型肝炎病毒引起甲型

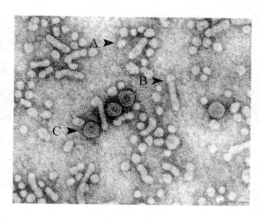

肝炎病毒

肝炎，这种肝炎的传染源主要是病人。其病毒通常由病人粪便排出体外，通过被污染的手、水、食物、食具等传染，严重时会引起甲型肝炎流行。如1988 年 1 月，上海市出现了较大规模的流行性甲型肝炎，主要原因是人们食用了被甲肝病毒污染的毛蚶。乙型肝炎主要通过注射、输血等方式进行传播。

为防止甲型肝炎的发生和流行，应重视保护水源，管理好粪便，加强饮食卫生管理，讲究个人卫生，病人排泄物、食具、床单衣物等应认真消毒。为防止乙型肝炎的传播，在输血时应严格筛除乙型肝炎抗原阳性献血者，血液和血液制品应防止乙型肝炎抗原的污染，注射品及针头在使用之前应严格消毒。

肝炎病毒的分类

（1）甲型肝炎病毒（HAV）是一种 RNA 病毒，属微小核糖核酸病毒科，是直径约 27 纳米的球形颗粒，由 32 个壳微粒组成对称廿面体核衣壳，内含

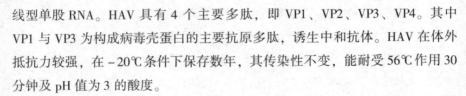

线型单股 RNA。HAV 具有 4 个主要多肽，即 VP1、VP2、VP3、VP4。其中 VP1 与 VP3 为构成病毒壳蛋白的主要抗原多肽，诱生中和抗体。HAV 在体外抵抗力较强，在 −20℃ 条件下保存数年，其传染性不变，能耐受 56℃ 作用 30 分钟及 pH 值为 3 的酸度。

（2）乙型肝炎病毒（HBV）是一种 DNA 病毒，属嗜肝 DNA 病毒科，是直径 42 纳米的球形颗粒。又名 Dane 颗粒，有外壳和核心 2 部分。外壳厚 7~8 纳米，有表面抗原，核心直径 27 纳米，含有部分双链，部分单链的环状 DNA，DNA 聚合酶，核心抗原及 e 抗原。HBV DNA 的基因组约含 3200 个碱基对。长链的长度固定，有一缺口，此处为 DAN 聚合酶；短链的长度不定。当 HVB 复制时，内源性 DNA 聚合酶修补短链，使之成为完整的双链结构，然后进行转录。HBV DNA 的长链有 4 个开放性读框，即 S 区、C 区、P 区和 X 区。S 区包括前 S1、前 S2 和 S 区基因，编码前 S1、前 S2 和 S 三种外壳蛋白；C 区包括前 C 区、C 区基因，编码 HBcAg 蛋白，前 C 区编码 1 个信号肽，在组装和分泌病毒颗粒以及在 HBeAg 的分泌中起重要作用；P 基因编码 DNA 聚合酶；X 基因的产物是 X 蛋白，其功能尚不清楚。HBV DNA 的短链不含开放读框，因此不能编码蛋白。

（3）丙型肝炎病毒（HCV）是一种具有脂质外壳的 RNA 病毒，直径 50~60 纳米，其基因组为 10kb 单链 RNA 分子。HCV 的基因编码区可分为结构区与非结构区 2 部分，其非结构区易发生变异。HCV 与 HBV 及 HDV 无同源性，可能是黄病毒属中分化出来的一种新病毒。本病毒经加热 100℃ 作用 10 分钟或 60℃ 作用 10 小时或甲醛 1∶1000 液 37℃ 作用 96 小时可灭活。HCV 细胞培养尚未成功，但 HCV 克隆已获成功。HCV 感染者血中的 HCV 浓度极低，抗体反应弱而晚，血清抗-HCV 在感染后平均 18 周阳转，至肝功能恢复正常时消退，而慢性患者抗-HCV 可持续多年。

（4）丁型肝炎病毒（HDV）是一种缺陷的嗜肝单链 RNA 病毒，需要 HBV 的辅助才能进行复制，因此 HDV 现 HBV 同时或重叠感染。HDV 是直径 35~37 纳米的小圆球状颗粒，其外壳为 HBsAg，内部由 HDAg 和 1 个 1.7kb 的 RNA 分子组成。HDAg 具有较好的抗原特异性。感染 HDV 后，血液中可出现抗-HD。急性患者中抗-HD IgM 一过性升高，以 19S 型占优势，仅持续 10～20 天，无继发性抗-HD IgG 产生；而在慢性患者中抗-HD IgM 升高多为持续性，以 7～8 型占优势，并有高滴度的抗-HD IgG。急性患者若抗-HD IgM 持续存在预示丁型肝炎的慢性化，且表明 HDAg 仍在肝内合成。目前已知 HDV 只有 1 个血清型。HDV 有高度的传染性及很强的致病力。HDV 感染可直接造成肝细胞损害，实验动物中黑猩猩和美洲旱獭可受染，我国已建立东方旱獭 HDV 感染实验动物模型。

（5）戊型肝炎病毒（HEV）为直径 27～34 纳米的小 RNA 病毒。在氯化铯中不稳定，在蔗糖梯度中的沉降系数为 183S。HDV 对氯仿敏感，在 4℃ 或 −20℃ 下易被破坏，在镁或锰离子存在下可保持其完整性，在碱性环境中较稳定。HDV 存在于潜伏末期及发病初期的患者粪便中。实验动物中恒河猴易感，国产猕猴感染实验已获成功。

单纯疱疹病毒

单纯疱疹病毒属于疱疹病毒科 a 病毒亚科，病毒质粒大小约 180 纳米。根据抗原性的差别目前把该病毒分为 1 型和 2 型。1 型主要由口唇病灶获得，2 型可从生殖器病灶分离到。感染是由于人与人的接触。从发生后 4 个月到数年被感染的人数可达人口总数的 50%～90%，是最易侵犯人的一种病毒，但在临床仅有部分发病。此病可分为口唇性疱疹、疱疹性角膜炎、疱疹性皮肤炎、阴部疱疹、卡波西病等，有时也是脑膜炎、脑炎的病因。口唇部疱疹一般较易诊断，同时因日晒、发热等种种的刺激因素而引起复发。该病毒可在鸡胚绒毛尿囊膜上及人、猴、鸡等的动

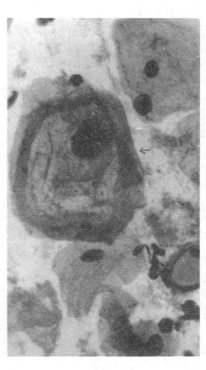

单纯疱疹病毒

物培养细胞中大量地增殖。另外，2 型病毒对田鼠细胞等有转化作用。还怀疑疱疹病毒与人类的宫颈癌有关。

EB 病毒

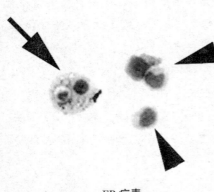

EB 病毒

EB 病毒（Epstein-Barr virus, EBv），又称人类疱疹病毒，是艾伯斯坦和巴尔于 1964 年首次成功地将 Burkitt 非洲儿童淋巴瘤细胞通过体外悬浮培养而建株，并在建株细胞涂片中用电镜观察到疱疹病毒颗粒，故名。EB 病毒的形态与其他疱疹病毒相似，圆形、直径 180 纳米，基本结构含核样物、衣壳和囊膜 3 部分。核样物为直径 45 纳米的致密物，主要含双股线性 DNA，其长度随不同毒株而异，平均为 17.5×10^4 bp，分子量 10^8。衣壳为廿面体立体对称，由 162 个壳微粒组成。囊膜由感染细胞的核膜组成，其上有病毒编码的膜糖蛋白，有识别淋巴细胞上的 EB 病毒受体及与细胞融合等功能。此外，在囊膜与衣壳之间还有一层蛋白被膜。

EB 病毒仅能在 B 淋巴细胞中增殖，可使其转化，能长期传代。被病毒感染的细胞具有 EBv 的基因组，并可产生各种抗原，已确定的有 EBv 核抗原、早期抗原、膜抗原、衣壳抗原、淋巴细胞识别膜抗原。除 Lydma 外，鼻咽癌患者 EBna、ma、vca、ea 均产生相应的 Lgg 和 Lga 抗体，研究这些抗原及其抗体，对阐明 EBv 与鼻咽癌关系及早期诊断均有重要意义。EB 病毒长期潜伏在淋巴细胞内，以环状 DNA 形式游离在胞浆中，并整合天然染色体内。EB 病毒在人群中广泛感染。根据血清学调查，我国 3～5 岁儿童 EB 病毒 vca － Lgg 抗体阳性率达 90% 以上，幼儿感染后多数无明显症状，或引起轻症咽炎和上呼吸道感染。青年期发生原发感染，约有 50% 出现传染性单核细胞增多症。主要通过唾液传播，也可经输血传染。EB 病毒在口咽部上皮细胞内增殖，然后感染 B 淋巴细胞，这些细胞大量进入血液循环而造成全身性感染，并可长期潜伏在人体淋巴组织中。当机体免疫功能低下时，潜伏的 EB 病毒活化形成复发感染。人体感染 EBv 后能诱生抗 EBna 抗体、抗 ea 抗体、抗 vca 抗体及抗 ma 抗体。已证明抗 ma 抗原的抗体能中和 EBv。上述体液免疫系统能阻止外源性病毒感染，却不能消灭病毒的潜伏感染。一般认为细胞免疫（如 T 淋巴细胞的细胞毒反应）对病毒活化的"监视"和清除转化的 B 淋细胞起关键作用。由 EBv 感染引起或与 EBv 感染有关疾病主要有传染性单核细胞增多症、非洲儿童淋巴瘤（即 Burkitt 淋巴瘤）、鼻咽癌。

巨细胞病毒

巨细胞病毒（CMV）是一种疱疹病毒组 DNA 病毒。分布广泛，人与其他动物皆可遭受感染，引起以生殖泌尿系统、中枢神经系统和肝脏疾患为主的各系统感染，从轻微无症状感染直到严重缺陷或死亡。

巨细胞病毒亦称细胞包涵体病毒，由于感染的细胞肿大，并具有巨大的核内包涵体，故名。

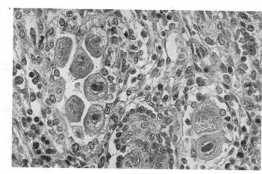

巨细胞病毒

生物学性状

CMV 具有典型的疱疹病毒形态，其 DNA 结构也与 HSV 相似，但比 HSV 大 5%。本病毒对宿主或培养细胞有高度的种特异性，人巨细胞病毒（HCMV）只能感染人及在人纤维细胞中增殖。病毒在细胞培养中增殖缓慢，复制周期长，初次分离培养需 30 ~ 40 天才出现细胞病变，其特点是细胞肿大变圆，核变大，核内出现周围绕有一轮"晕"的大型嗜酸性包涵体。

病毒家族的历史

致病性

CMV 在人群中感染非常广泛，我国成人感染率达 95％ 以上，通常呈隐性感染，多数感染者无临床症状，但在一定条件下侵袭多个器官和系统后可产生严重疾病。病毒可侵入肺、肝、肾、唾液腺、乳腺其他腺体以及多核白细胞和淋巴细胞，可长期或间隙地自唾液、乳汁、血液、尿液、精液、子宫分泌物多处排出病毒。通常口腔、生殖道、胎盘、输血或器官移植等多途径传播。

1. 先天性感染

妊娠母体 CMV 感染可通过胎盘侵袭胎儿引起先天性感染，少数造成早产、流产、死产或生后死亡。患儿可发生黄疸、肝脾肿大、血小板减少性紫斑及溶血性贫血，儿童常遗留永久性智力低下、神经肌内运动障碍、耳聋和脉络视网膜炎等。

2. 围产期感染

产妇泌尿道和宫颈排出 CMV，则分娩时婴儿经产道可被感染，多数和症状轻微或无临床症状的亚临床感染，有的有轻微呼吸道障碍或肝功能损伤。

3. 儿童及成人感染

通过吸乳、接吻、性接触、输血等感染，通常为亚临床型，有的也能导致嗜异性抗体阴性单核细胞增多症。由于妊娠、接受免疫抑制治疗、器官移植、肿瘤等因素，激活潜伏在单核细胞、淋巴细胞中病毒，引起单核细胞增多症、肝炎、间质性肺炎、视网膜炎、脑炎等。

4. 细胞转化和可能致癌作用

经紫外线灭活的 CMV 可转化啮齿类动物胚胎纤维母细胞。在某些肿瘤如宫颈癌、结肠癌、前列腺癌、Kaposis 肉瘤中 CMV DNA 检出率高，CMV 抗体滴度亦高于正常人，在上述肿瘤建立的细胞株中还发现病毒颗粒，提示 CMV 与其他疱疹病毒一样，具有潜在致癌的可能性。

免疫性

机体的细胞免疫功能对 CMV 感染的发生和发展起重要作用。细胞免疫缺陷者，可导致严重的和长期的 CMV 感染，并使机体的细胞免疫进一步受到抑制，如杀伤性 T 细胞活力下降、NK 细胞功能减低等。

机体原发感染 CMV 后能产生特异性抗体和杀伤性 T 淋巴细胞，激活 NM 细胞。抗体有限的 CMV 复制能力，对相同毒株再感染有一定抵抗力，但不能抵抗内源性潜伏病毒的活化及 CMV 其他不同毒株的外源性感染。而通过特异性杀性 T 淋巴细胞和抗体依赖细胞毒性细胞能发挥最大的抗病毒作用。

鼻病毒

鼻病毒是人类普通感冒的主要病原，属于小 RNA 病毒科鼻病毒属。过去曾有过 Salisbury 普通感冒病毒、伤风病毒、ECHO 鼻伤风病毒、肠道样病毒等的名称。它有 100 个以上的血清型，其中经过详细鉴定的有 89 个型别。鼻病毒的形态和理化性质与肠道病毒相似，但鼻病毒在 pH 值为 3 的溶液中不稳定。它对人、鸡、小鼠或豚鼠红细胞，不论在 4℃、120℃ 或 37℃ 均无血凝作用。鼻病毒可以在人或猴组织细胞上生长，如果在 33℃、略酸的旋转培养条件下，可以引起明显的细胞病变，并形成蚀斑。在鸡胚内不能增殖。可感染猩猩，对其他动物不敏感。

鼻病毒可以引起轻的呼吸道疾病（普通感冒），特别在成人是如此。潜伏期一般为 1 ~ 3 天。最常见的症状是伤风、咽疼、咳嗽。在儿童，鼻病毒有时可以引起较为严重的呼吸道疾病，如支气管炎或支气管肺炎。在慢性气管炎患者支气管炎急性加重时，鼻病毒分离的阳性率高达 15%，而缓解期与正常的分离率相一致，仅 2% 左右。

鼻病毒

在世界范围内都有鼻病毒的流行。在同一人群往往同时可以流行多种血清型。成人普通感冒患者的鼻病毒分离阳性率为 14% ~ 24%，儿童普通感冒患

病毒家族的历史

者却为6%；而健康成人或儿童仅为1%～2%。

洗鼻清除鼻病毒

鼻病毒引发疾病的前提是病毒在鼻咽腔内增殖。由于鼻腔具有一定的排毒能力，即能在十多分钟之内将进入鼻腔的病毒排出。而在这段时间之内繁殖出的病毒还不能对人体造成威胁。但如果遇到某些诱发因素如受凉、淋雨、过度疲劳等，鼻腔的排毒能力下降，病毒停留在鼻腔内的时间增长，从而得以大量繁殖并侵入人体，引发感冒等症。

预防上，早晚用盐水来洗鼻可冲洗掉鼻腔内大部分病毒，降低鼻病毒的总数量，达到降低鼻病毒类疾病发病率的目的。治疗上，在已经出现症状时增加洗鼻次数，以不断减少病毒数量，从而减轻症状。同时，不断冲洗鼻腔可尽快将鼻腔内病毒的数量降低到无威胁性范围内，也缩短了发病时间。

致命的幽灵
ZHIMING DE YOULING

在人类的文明史上，传染病杀死的人，远比战争或者其他天灾人祸加起来的总和还多。以战争而论，在二次世界大战之前，绝大部分战争里死亡在刀枪之下的人都不及死于战争中的疾病特别是传染病的人数。的确，传染病给人类社会投下的阴影，是其他灾难难以比拟的。从某种程度上说，人类的历史就是与名目繁多的传染病斗争的历史。病菌对人类的威胁与祸害由来已久。当某种传染病菌首次侵入缺乏认识该病经验的族群时，往往会爆发大流行。即使到了 20 世纪，1918 年世界范围内发生的流感，还造成了 2 000 多万人死亡，大约是打了四年的第一次世界大战死亡人口的一倍。

20 世纪是人类同传染病进行艰苦斗争并取得巨大胜利的世纪，但传染病仍是当今世界范围内引起人类死亡的首要原因，而且人类正面临着与传染病做斗争的新形势：新传染病的出现、旧传染病的复燃、病原体对抗生素耐药性的增加，构成了对人类健康的巨大威胁。因此，同传染病的斗争仍然是 21 世纪人类的重要任务之一。

病毒家族的历史

第一种被人类消灭的病毒——天花

天花病毒

天花是由天花病毒引起的一种烈性传染病，也是到目前为止，在世界范围被人类消灭的第一个传染病。在我国，几十年前就消灭了天花，现在不仅普通人对天花一无所知，许多医生也是仅闻其名，不见其身。天花是感染痘病毒引起的，无药可治，患者在痊愈后脸上会留有麻子，"天花"由此得名。天花病毒外观呈砖形，约200纳米×300纳米，抵抗力较强，能对抗干燥和低温，在痂皮、尘土和被服上，可生存数月至一年半之久。天花病毒有高度传染性，没有患过天花或没有接种过天花疫苗的人，不分男女老幼包括新生儿在内，均能感染天花。天花主要通过飞沫吸入或直接接触而传染，当人感染了天花病毒以后，大约有10天潜伏期。潜伏期过后，病人发病很急，多以头痛、背痛、发冷或寒战、高热等症状开始，体温可高达41℃以上，伴有恶心、呕吐、便秘、失眠等。小儿常有呕吐和惊厥。发病3~5天后，病人的额部、面颊、腕、臂、躯干和下肢出现皮疹。开始为红色斑疹，后变为丘疹，2~3天后丘疹变为疱疹，以后疱疹转为脓疱疹。脓疱疹形成后2~3天，逐渐干缩结成厚痂，大约1个月后痂皮开始脱落，遗留下疤痕，俗称"麻斑"。重型天花病人常伴并发症，如败血症、骨髓炎、脑炎、脑膜炎、肺炎、支气管炎、中耳炎、喉炎、失明、流产等，是天花致人死亡的主要原因。

对天花病人要严格进行隔离，病人的衣、被、用具、排泄物、分泌物等要彻底消毒。对病人除了采取对症疗法和支持疗法以外，重点是预防病人发生并发症，口腔、鼻、咽、眼睛等要保持清洁。接种天花疫苗是预防天花的最有效办法。

天花临床表现主要为严重毒血症状（寒战、高热、乏力、头痛、四肢及腰背部酸痛，体温急剧升高时可出现惊厥、昏迷），皮肤成批依次出现斑疹、丘疹、疱疹、脓疱，最后结痂、脱痂，遗留痘疤。天花来势凶猛，发展迅速，对未免疫人群感染后 15～20 天内致死率高达 30%。

发现天花

若干世纪以来，天花的广泛流行使人们惊恐战栗，谈"虎"色变。

1846 年，在来自塞纳河流域、入侵法国巴黎的诺曼人中间，天花突然流行起来了。这让诺曼人的首领惊慌失措，也使那些在战场上久经厮杀不知恐惧的士兵毛骨悚然。残忍的首领为了不让传染病传播开来以致殃及自己，采取了一个残酷无情的手段，他下令杀掉所有天花患者及所有看护病人的人。这种可怕的手段，在当时被认为是可能扑灭天花流行的惟一可行的办法。

但是天花并不会宽容任何人，它同样无情地入侵宫廷、入侵农舍。任何民族、任何部落，不论爵位、不论年龄与性别，都逃脱不了天花的侵袭。

在欧洲曾经有一个国王的妻子患了天花，在临死前她请求丈夫满足她最后的愿望，她要求：假使全体御医不能挽救她的生命，那么就将他们全部处死。皇后终于死掉了，于是国王为了皇后的愿望便下令把御医全部用剑砍死。

英国史学家纪考莱把天花称为"死神的忠实帮凶"。他写道："鼠疫或者其他疫病的死亡率固然很高，但是它的发生却是有限的。在人们的记忆中，它们在我们这里只不过发生了一两次。然而天花却接连不断地出现在我们中间，长期的恐怖使无病的人们苦恼不堪，即使有某些病人幸免于死，但在他们的脸上却永远留下了丑陋的痘痕。病愈的人们不仅是落得满脸痘痕，还有很多人甚至失去听觉，双目失明，或者染上了结核病。"

人痘接种术最早起源于我国

据清代医学家朱纯嘏在《痘疹定论》中记载，宋真宗（998—1022 年）或仁宗（1023—1063 年）时期，四川峨眉山有一医者能种痘，被人誉为神医，后来被聘到开封府，为宰相王旦之子王素种痘获得成功。后来王素活了67 岁，这个传说或有讹误，但也不能排除宋代有产生人痘接种萌芽的可能性。到了明代，随着对传染性疾病的认识加深和治疗痘疹经验的丰富，便正式发明了人痘接种术。

清代医家俞茂鲲在《痘科金镜赋集解》中说得很明确："种痘法起于明隆庆年间（1567—1572 年），宁国府太平县，姓氏失考，得之异人丹徒之家，由此蔓延天下，至今种花者，宁国人居多。"乾隆时期，医家张琰在《种痘新书》中也说："余祖承聂久吾先生之教，种痘箕裘，已经数代。"又说："种痘者八九千人，其莫救者二三十耳。"这些记载说明，自 16 世纪以来，我国已逐步推广人痘接种术，而且世代相传，师承相授。

清初医家张璐在《医通》中综述了痘浆、旱苗、痘衣等多种预防接种方法。其具体方法是：用棉花醮取痘疮浆液塞入接种儿童鼻孔中，或将痘痂研细，用银管吹入儿鼻内；或将患痘儿的内衣脱下，着于健康儿身上，使之感染。总之，通过如上方法使之产生抗体来预防天花。

由上可知，我国至迟在 16 世纪下半叶已发明人痘接种术，到 17 世纪已普遍推广。1682 年，康熙皇帝曾下令各地种痘。据康熙的《庭训格言》写道："训曰：国初人多畏出痘，至朕得种痘方，诸子女及尔等子女，皆以种痘得无恙。今边外四十九旗及喀尔喀诸藩，俱命种痘；凡所种皆得善愈。尝记初种时，年老人尚以为怪，朕坚意为之，遂全此千万人之生者，岂偶然耶？"可见当时种痘术已在全国范围内推行。

人痘接种法的发明，很快引起外国注意，俞正燮《癸巳存稿》载："康熙时，（1688 年）俄罗斯遣人至中国学痘医。"这是最早派留学生来中国学习种人痘的国家。种痘法后经俄国又传至土耳其和北欧。1717 年，英国驻土耳其公使蒙塔古夫人在君士坦丁堡学得种痘法，3 年后又为自己 6 岁的女儿在英国种了人痘。随后欧洲各国和印度也试行接种人痘。18 世纪初，突尼斯也推行此法。1744 年杭州人李仁山去日本九州长崎，把种痘法传授给折隆元，乾隆十七年（1752 年）《医宗金鉴》传到日本，种痘法在日本就广为流传了。其后此法又传到朝鲜。18 世纪中叶，我国所发明的人痘接种术已传遍欧亚各国。1796 年，英国人贞纳受我国人痘接种法的启示，试种牛痘成功，这才逐渐取代了人痘接种法。

我国发明人痘接种，这是对人工特异性免疫法一项重大贡献。18 世纪法国启蒙思想家、哲学家伏尔泰曾在《哲学通讯》中写载："我听说 100 多年来，中国人一直就有这种习惯，这是被认为全世界最聪明最讲礼貌的一个民族的伟大先例和榜样。"由此可见我国发明的人痘接种术（特异性人工免疫法）在当时世界影响之大。

1979 年 10 月 26 日，全世界消灭天花

1979 年 10 月 26 日联合国世界卫生组织在肯尼亚首都内罗毕宣布，全世界已经消灭了天花病，并且为此举行了庆祝仪式。

世界卫生组织的检查人员在最近 2 年里，对最后一批尚未宣布消灭天花病的东非四国——肯尼亚、埃塞俄比亚、索马里和吉布提进行了调查，发现这四个国家确实已经消灭了这种疾病，于是发布了这个具有历史意义的消息。

天花病是世界上严重危害人们的传染性疾病之一。几千年来，使千百万人死亡或毁容。180 年前，英国发明了预防天花病的牛痘疫苗。天花病患者的死亡率仍高达 1/3。后来，发达国家逐步控制了这种疾病，但非洲农村仍有流行。自 1967 年开始进行最后一次大规模消灭天花的活动。

天花病毒的结局

目前，世界上有两个戒备森严的实验室里保存着少量的天花病毒，它们被冷冻在 −70℃ 的容器里，等待着人类对它们的终审判决。这两个实验室一个在俄罗斯的莫斯科，另一个在美国的亚特兰大。世界卫生组织于 1993 年制定了销毁全球天花病毒样品的具体时间表，后来这项计划又被推迟。因为病毒学家和公共卫生专家们在如何处理仅存的天花病毒的问题上发生了争论：是彻底消灭，还是无限期冷冻？

主张彻底消灭的人认为：彻底消灭现在实验室里的所有天花病毒，是不使天花病毒死灰复燃、卷土重来的最佳良策。但另一些科学家认为，天花病毒不应该从地球上完全清除。因为，在尚不可知的未来研究中可能还要用到

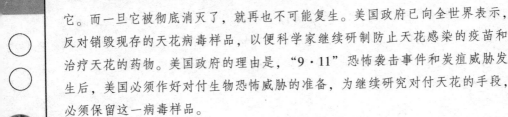

它。而一旦它被彻底消灭了，就再也不可能复生。美国政府已向全世界表示，反对销毁现存的天花病毒样品，以便科学家继续研制防止天花感染的疫苗和治疗天花的药物。美国政府的理由是，"9·11"恐怖袭击事件和炭疽威胁发生后，美国必须作好对付生物恐怖威胁的准备，为继续研究对付天花的手段，必须保留这一病毒样品。

收割生命的黑死病

黑死病是人类历史上最严重的瘟疫之一。起源于亚洲西南部，约在14世纪40年代散布到欧洲，而"黑死病"之名是当时欧洲的称呼。这场瘟疫在全世界造成了大约7 500万人死亡，其中2 500万为欧洲人。根据估计，中世纪欧洲约有1/3的人死于黑死病。

起因及症状

通常认为，1346年，在鞑靼军队进攻黑海港口城市法卡时，用抛石机将患鼠疫而死的人的尸体抛进城内，这是人类历史上第一次细菌战。鼠疫原产中亚，其携带者是土拨鼠。1348年，一种被称为瘟疫的流行病开始在欧洲各地扩散。该病从中国沿着商队贸易路线传到中东，然后由船舶带到欧洲。（据我国有关资料记载：14世纪，鼠疫大流行，当时被称为"黑死病"，流行于整个亚洲、欧洲和非洲北部，中国也有流行。在欧洲，黑死病猖獗了3

中世纪黑死病导致的尸横遍野

个世纪，夺去了 2 500 万余人的生命。)

黑死病的一种症状，就是患者的皮肤上会出现许多黑斑，所以这种特殊瘟疫被人们叫做"黑死病"。对于那些感染上该病的患者来说，痛苦地死去几乎是无法避免的，没有任何治愈的可能。

引起瘟疫的病菌是由藏在黑鼠皮毛内的蚤携带来的。在 14 世纪，黑鼠的数量很多。一旦该病发生，便会迅速扩散。在 1348—1350 年间，总共有 2 500 万欧洲人死于黑死病。但是，这次流行并没有到此为止。在以后的 40 年中，它又一再发生。

因黑死病死去的人如此之多，以至劳动力短缺。整个村庄被废弃，农田荒芜，粮食生产下降。紧随着黑死病而来的，便是欧洲许多地区发生了饥荒。

另外据考证，黑死病的大暴发也与中世纪欧洲大量的屠杀所谓女巫有关，因为当时的普遍信仰宗教欧洲人认为猫是女巫的宠物和助手，所以猫被大量的消灭，以至于在当时相当长的一段时间内猫在欧洲绝迹。黑死病重要的传播媒介老鼠则在这条断裂的生物链中以几何数量增长，为黑死病的暴发创造了最重要的条件。

据统计，黑死病使当时欧洲人死去 1/3，但这对猫来说却是个好消息，此时因它们具有捉鼠的本领而大受欢迎。可是一旦黑死病结束，猫又将失宠了。

印度鼠身上的蚤，是致命的瘟疫或称"黑死病"的传播者。

在整个 16 个世纪和 17 世纪，都曾发生过严重的瘟疫。

灾　难

在 14 世纪中期，欧洲受到一场具毁灭性影响的瘟疫侵袭，即一般人所称的黑死病。它从中亚地区向西扩散，并在 1346 年出现在黑海地区。它同时向西南方向传播到地中海，然后就在北太平洋沿岸流行，并传至波罗的海。约在 1348 年，黑死病在西班牙流行，到了 1349 年，就已经传到英国和爱尔兰，1351 年到瑞典，1353 年到波罗的海地区的国家和俄罗斯。只有路途遥远和人口疏落的地区才未受伤害。根据今天的估算，当时在欧洲、中东、北非和印度地区，大约有 1/3 到 1/2 之间的人口因而死亡。

黑死病可能是一种淋巴腺肿的瘟疫，这种由细菌引起的传染病，在今天仍然被发现而且同样危险。这种病菌是由跳蚤的唾液所携带，带疫的跳蚤可能是先吸到受到感染的老鼠血液，等老鼠死后，再跳到人体身上，透过血液把细菌传染到寄生主的体内。黑死病因其可怕的症状而命名，患者会出现大

感染黑死病的村庄

块黑色而疼痛并且会渗出血液和浓汁的肿瘤。受感染的人会高烧不退且精神错乱。很多人在感染后的 48 小时内就死掉，但亦有少数人能够抵抗这个传染病而存活下来。

许多城镇因此人口大减，上至领主下到农奴都不能幸免，而这些人都对社会都有一定价值，他们若非从事农耕便是其他工作，一旦他们移居到城市，就会加速瘟疫的传染。

黑死病盛行的后期，由于肥皂的发明，使其感染概率下降，最后直到灭绝。目前黑死病病毒仅在美国等少数几个国家的实验室存在。

黑死病是历史上最为神秘的疾病。从 1348 年到 1352 年，它把欧洲变成了死亡陷阱，这条毁灭之路断送了欧洲 1/3 的人口，总计约 2 500 万人！在此后 300 年间，黑死病不断造访欧洲和亚洲的城镇，威胁着那些劫后余生的人们。尽管准确统计欧洲的死亡数字已经不可能，但是许多城镇留下的记录却见证了惊人的损失：1467 年，俄罗斯死亡 127 000 人；1348 年德国编年史学家吕贝克记载死亡了 90 000 人，最高一天的死亡数字高达 1 500 人！在维也纳，每天都有 500 ~ 700 人因此丧命；根据俄罗斯摩棱斯克的记载，1386 年只有 5 人幸存！

650 年前，黑死病在整个欧洲蔓延，这是欧洲历史上最为恐怖的瘟疫。欧

病毒家族的历史

洲文学史上最重要的人物之一、意大利文艺复兴时期人文主义的先驱薄伽丘在 1348 ~ 1353 年写成的《十日谈》就是瘟疫题材的巨著，引言里就谈到了佛罗伦萨严重的疫情。他描写了病人怎样突然跌倒在大街上死去，或者冷冷清清在自己的家中咽气，直到死者的尸体发出了腐烂的臭味，邻居们才知道隔壁发生的事情。旅行者们见到的是荒荒的田园无人耕耘，洞开的酒窖无人问津，无主的奶牛在大街上闲逛，当地的居民却无影无踪。

这场灾难在当时称作黑死病，实际上是鼠疫。鼠疫的症状最早在 1348 年由一位名叫博卡奇奥的佛罗伦萨人记录下来：最初症状是腹股沟或腋下的淋巴肿块，然后，胳膊上和大腿上以及身体其他部分会出现青黑色的疱疹，这也是黑死病得名的缘由。极少有人幸免，几乎所有的患者都会在 3 天内死去，通常无发热症状。

黑死病最初于 1338 年中亚一个小城中出现，1340 年左右向南传到印度，随后向西沿古代商道传到俄罗斯东部。从 1340 年到 1345 年，俄罗斯大草原被死亡的阴影笼罩着。1345 年冬，鞑靼人在进攻热那亚领地法卡，攻城不下之际，恼羞成怒的鞑靼人竟将黑死病患者的尸体抛入城中，结果城中瘟疫流行，大多数法卡居民死亡了，只有极少数逃到了地中海地区，然而伴随他们逃难之旅的却是可怕的疫病。

1347 年，黑死病肆虐的铁蹄最先踏过君士坦丁堡——拜占庭最大的贸易城市。到 1348 年，西班牙、希腊、意大利、法国、叙利亚、埃及和巴勒斯坦都暴发了黑死病。

1352 年，黑死病袭击了莫斯科，连莫斯科大公和东正教的教主都相继死去。黑死病的魔爪伸向了各个社会阶层，没有人能逃避死亡的现实。

没过多久，这种残酷的现象在欧洲已经比比皆是，法国的马赛有 56 000 人死于鼠疫的传染；在佩皮尼昂，全城仅有的 8 名医生只有一位从鼠疫的魔掌中幸存下来；阿维尼翁的情况更糟，城中有 7 000 所住宅被疫病弄得人死屋空；巴黎的一座教堂在 9 个月中办理的 419 份遗嘱，比鼠疫暴发之前增加了 40 倍；在比利时，主教大人成了鼠疫的第一个受害者。从此以后，送葬的钟声就不停地为新的死者哀鸣。甚至历史上著名的英法百年战争也曾由于暴发

了鼠疫被迫暂时停顿下来。

1348 年底，鼠疫传播到了德国和奥地利腹地，瘟神走到哪里，哪里就有成千上万的人被鼠疫吞噬。维也纳也曾经在一天当中死亡 960 人，德国的神职人员当中也有 1/3 被鼠疫夺去了生命，许多教堂和修道院因此无法维持。

除了欧洲大陆，鼠疫还通过搭乘帆船的老鼠身上的跳蚤跨过英吉利海峡，蔓延到英国全境，直至最小的村落。农村劳力大量减少，有的庄园里的佃农甚至全部死光。生活在英国中世纪的城镇里人们，居住的密度高，城内垃圾成堆，污水横流，更糟糕的是，他们对传染性疾病几乎一无所知。当时人们对死者尸体的处理方式也很简单，处理尸体的工人们自身没有任何防护，这帮助了疾病的蔓延。为了逃避死亡，人们尝试了各种方法，他们祈求上帝、吃精细的肉食、饮用好酒……医生们企图治愈或者缓和这种令人恐惧的症状，他们用尽各种药物，也尝试各种治疗手段，从通便剂、催吐剂、放血疗法、烟熏房间、烧灼淋巴肿块或者把干蛤蟆放在上面，甚至用尿洗澡，但是死亡还是不断降临到人间。一些深受宗教束缚的人们以为是人类的堕落引来的神明的惩罚，他们穿过欧洲的大小城镇游行，用镶有铁尖的鞭子彼此鞭打，口里还哼唱着："我最有罪"。而在德国的梅因兹，有 1.2 万犹太人被当做瘟疫的传播者而活活烧死，斯特拉堡则有 1.6 万犹太人被杀。只有少数头脑清醒的人意识到可能是动物传播疾病，于是他们把仇恨的目光集中到猫狗等家畜身上，他们杀死所有的家畜，大街上满是猫狗腐败的死尸，腐臭的气味让人窒息，不时有一只慌乱的家猫从死尸上跳过，身后一群用布裹着口鼻的人正提着木棍穷追不舍。没有人会怜悯这些弱小的生灵，因为它们被当做瘟疫的传播者。

黑死病夺走了当时每 4 个欧洲人中的一个。当可怕的瘟疫突破英吉利海峡，在南安普敦登陆时，这座海边城市几乎所有的居民都在这场瘟疫中丧命，而且死得都非常迅速，很少有人得病后能在床上躺上两三天，很多人从发病到死亡只有半天时间。

黑死病给当时社会的各个方面都以沉重的打击和深远的影响。黑死病登陆英国土地的同一年，英国土地上的牲畜也难以幸免。一个牧场有 5 000 头羊突然死亡，它们尸体散发出恶臭，连野兽和鸟都不愿意碰一下。所有牲畜的价格都急剧下降，即便活着的人也很少能保住自己的财产。本来值40先令的一匹马，现在只能卖6.5先令，一头壮实的公牛只能卖4先令，一头母牛12便士，小牛6便士，一头羊3便士，一头肥猪5便士。羊群和牛群在田野里四处漫游，没人去照管它们，听凭它们死在农田里、沟渠里。

到了第二年的秋天，一个收割者替人干活索取的报酬大大提高了，每天不得低于8便士。还得供他吃饭。许多庄稼在田里腐烂掉了，因为请不起人来收割它们。在瘟疫流行的年代，劳动力的匮乏成为最严重的社会问题。

这时，国王发布命令说，无论是收割庄稼的工人还是其他雇工，都不准索取高于往年水平的工资，违反者将给予严厉惩罚。但是劳工们根本不理睬国王的命令。任何人想要雇佣他们，都得付出比往年多得多的钱，否则就让你的庄稼或者果实腐烂在农田和果园里。当国王得知自己的命令无论在雇主还是雇工一方都未得到执行的时候，就对所有教会土地所有者、庄园主、骑士、地主处以罚款；并对所有的自由农业工人处以100先令、40先令到20先令不等的罚金。后来国王又派人逮捕了许多雇工并把他们投入了监狱，他们不得不向国王支付很大数额的罚金，未被逮捕的雇工有很大的部分都躲藏到森林里去了。以同样的方式，国王还处置了许多的艺人。

在英格兰瘟疫肆虐时，苏格兰人也跑来趁火打劫。当他们听说英格兰人中间正在流行着瘟疫时，以为他们的诅咒终于应验了，因为他们一直在诅咒："让英格兰人遭瘟疫吧！"现在一定是上帝在惩罚英格兰人了。于是，苏格兰人在塞尔克森林聚集起来，准备协助上帝彻底的消灭英格兰人。但这个时候，死神也攫住了他们，在几天的时间里就死了5 000个苏格兰人。剩下的人准备返回自己的家园，却遭到英格兰人的反击，死伤又过大半。

瘟疫之村

英格兰德比郡的小村亚姆有一个别号，叫"瘟疫之村"。但这个称呼并非耻辱，而是一种荣耀。1665年9月初，村里的裁缝收到了一包从伦敦寄来的布料，4 天后他死了。月底又有 5 人死亡，村民们醒悟到那包布料已将黑死病从伦敦带到了这个小村。在瘟疫袭来的恐慌中，本地教区长说服村民作出了一个勇气惊人的决定：与外界断绝来往，以免疾病扩散。此举无异于自杀。一年后首次有外人来到此地，他们本来以为会看到一座鬼村，却惊讶地发现，尽管全村 350 名居民有 260 人被瘟疫夺去生命，毕竟还有一小部分人活了下来。

有一位妇人在一星期内送走了丈夫和 6 个孩子，自己却从未发病。村里的掘墓人亲手埋葬了几百名死者，却并未受这种致死率 100% 的疾病影响。这些幸存者接触病原体的机会与死者一样多，是否存在什么遗传因素使他们不易被感染？由于亚姆村从 1630 年代起就实施死亡登记制度，而且几百年来人口流动较少，历史学家可以根据家谱准确地追踪幸存者的后代。以此为基础，科学家于 1996 年分析了瘟疫幸存者后代的 DNA，发现约 14% 的人带有一个特别的基因变异，称为 CCR5 - △32。

这个变异并不是第一次被发现，此前不久它已在有关艾滋病病毒（HIV）研究中与人类照面。它阻止 HIV 进入免疫细胞，使人能抵抗 HIV 感染。300多年前的瘟疫，与艾滋病这种诞生未久的现代瘟疫，通过这个基因变异产生了奇妙的联系。

出血热黑死病

不过最近，两名英国科学家又为黑死病这一方增加了新的砝码。鼠疫与CCR5 - △32 的关系被实验推翻，这并不妨碍利物浦大学的苏珊·斯科特和克里斯托弗·邓肯把黑死病同这个变异联系起来。因为他俩早就提出，黑死病并非通常所认为的腺鼠疫，而是一种由病毒导致的出血热，可能与埃博拉出血热类似。他们曾出版《瘟疫生物学》和《黑死病的回归》等著作，详细阐述有关观点。

斯科特和邓肯在 2005 年 3 月的《医学遗传学杂志》上报告说，他们建立数学模型，用计算机模拟了欧洲人口变化与上述基因变异频率变化的关系，显示驱动这个变异扩散的压力来自"出血热瘟疫"。而天花只在 1 700～1 830

年间对欧洲形成较大威胁，其流行时间和频率并没有达到此前研究认为的程度，不可能是造成这个基因变异频率增加的主要因素。

斯科特和邓肯告诉记者："1996 年有关（CCR5 - △32 变异）的成果发表，我们马上就认识到，欧洲的瘟疫促进了这个变异的频率升高。"他们说，"事实上，这其中的推理很明显：△32 变异的分布情况与瘟疫在欧洲的分布情况相同，这很好地显示了后者促进了（变异频率）上升，"在谈到欧洲的黑死病瘟疫时，他们说，"我们提出，这些传染病是由一种病毒性出血热导致，后者也使用 CCR5 受体来进入免疫系统。△32 变异为病毒性出血热感染提供了类似的遗传抵抗力。"

纸莎草文献的记载显示，公元前 1500—前 1350 年，在法老时代的埃及，尼罗河谷就存在出血热。此后 2000 多年间，地中海东岸不断大面积暴发出血热。例如公元前 700—前 450 年、公元前 250 年，美索不达米亚曾发生出血热。据希腊史学家修昔底德的描述，公元前 430—前 427 年雅典瘟疫的症状与黑死病非常相似。"查士丁尼瘟疫"从埃塞俄比亚发源，沿尼罗河谷而下，于公元 541 年到达叙利亚，然后是小亚细亚、非洲和欧洲，542 年抵达君士坦丁堡。它一直持续到公元 700 年，其间反复暴发，拜占庭历史学家普罗科匹厄斯记载了这场瘟疫的细节，其症状与雅典瘟疫和黑死病都很像。

CCR5 - △32 变异可能出现于 2500—3000 年前，人类文明早期这些反复暴发的出血热使其频率持续上升，从最初的单个变异达到 1347 年黑死病袭来之前的 1/20 000。然后，经过黑死病的大清洗，其频率增加到了现在约 10% 的水平。人们一般认为 1665—1666 年伦敦大瘟疫是黑死病最后的罪行，但斯科特和邓肯说，出血热瘟疫在这以后并没有消失，持续在北欧和俄罗斯活动，直至 19 世纪，这可以解释为什么现在北欧和俄罗斯人中的变异频率最高。

斯科特和邓肯认为，要追溯出血热的来源，要回到人类的摇篮——东非大裂谷的肯尼亚和埃塞俄比亚等地，在那里，人类祖先与动物共生的历史最为悠久。这种病的潜伏期长达 37 ~ 38 天（这与意大利人于 14 世纪率先发现的 40 天有效隔离期吻合，而与腺鼠疫的特征不合），即使在中世纪，这么长

病毒家族的历史

的时间也足以让感染者将病毒带到很远的地方。如果它在跨国交通非常便利的当代再度暴发，将造成巨大灾难。

黑死病溯源新解

关于黑死病的源头最近有一个新的说法。公元 6 世纪地球上发生过一次大灾难：由于地球上的农业被完全毁灭，全球爆发了一次灾难性的大饥荒，并最后引发了那场在欧洲大地肆虐、让人们谈之色变的黑死病。据英国媒体 2 月 4 日报道，最新的科学研究终于找到了那场大灾难的根源：祸起与地球相撞的一颗小彗星！

利用 1994 年从木星上形成的彗星撞击点上取得的信息，彗星撞地球之后，灰尘就会在巨大的冲击力的作用下，在空气中四处传播，并很快笼罩全球。德里克教授说："这个时期正好与传染病在欧洲的流行时期巧合。当时欧洲在东罗马帝国的统治之下，人们相信那是黑死病第一次在欧洲出现。"缺少阳光的照射，地球上的生物无法进行光合作用，因此普遍歉收，这在生产力不发达的当时给很多人带来了衣食之忧。由于很多饿死的人尸体就流落街头，再加上人们都食不果腹，身体对疾病的抵抗力很弱，因此黑死病立即在欧洲大陆传播开来。

顽固恐怖的 HIV 病毒

1981 年，人类免疫缺陷病毒在美国首次发现。它是一种感染人类免疫系统细胞的慢性病毒，属反转录病毒的一种，会引起至今无有效疗法的致命性传染病。该病毒破坏人体的免疫能力，导致免疫系统失去抵抗力，而导致各种疾病及癌症得以在人体内生存，发展到最后，导致艾滋病（获得性免疫缺陷综合征）。在世界范围内导致了近 1 200 万人的死亡。在感染后会整合入宿主细胞的基因组中，而目前的抗病毒治疗并不能将病毒根除。在 2004 年底，全球有约 4 000 万被感染并与人类免疫缺陷病毒共同生存的人，流行状况最为严重的仍是撒哈拉以南非洲，其次是南亚与东南亚，但该年涨幅最快的地区是东亚、东欧及中亚。1986 年 7 月 25 日，世界卫生组织（WHO）发布公报，国际病毒分类委员会会议

人体免疫缺陷病毒

决定，将艾滋病病毒改称为人类免疫缺陷病毒，简称 HIV。

生物学诊断

形态结构

人类免疫缺陷病毒直径约 120 纳米，大致呈球形。病毒外膜是磷脂双分子层，来自宿主细胞，并嵌有病毒的蛋白 gp120 与 gp41；gp41 是跨膜蛋白，gp120 位于表面，并与 gp41 通过非共价作用结合。向内是由蛋白 p17 形成的球形基质，以及蛋白 p24 形成的半锥形衣壳，衣壳在电镜下呈高电子密度。衣壳内含有病毒的 RNA 基因组、酶（逆转录酶、整合酶、蛋白酶）以及其他来自宿主细胞的成分。

基因结构及编码蛋白的功能

病毒基因组是 2 条相同的正义 RNA，每条 RNA 长约 9.2～9.8kb。两端是长末端重复序列，含顺式调控序列，控制前病毒的表达。已证明在 LTR 有启动子和增强子并含负调控区。LTR 之间的序列编码了至少 9 个蛋白，可分为 3 类：结构蛋白、调控蛋白、辅助蛋白。

（1）gag 基因能编码约 500 个氨基酸组成的聚合前体蛋白，经蛋白酶水解形成 p17、p24 核蛋白，使 RNA 不受外界核酸酶破坏。

（2）Pol 基因编码聚合酶前体蛋白，经切割形成蛋白酶、整合酶、逆转录酶、核糖核酸酶 H，均为病毒增殖所必需。

（3）env 基因编码约 863 个氨基酸的前体蛋白并糖基化成 gp160、gp120 和 gp41。gp120 含有中和抗原决定簇，已证明 HIV 中和抗原表位，在 gp120 V3 环上，V3 环区是囊膜蛋白的重要功能区，在病毒与细胞融合中起重要作用。gp120 与跨膜蛋白 gp41 以非共价键相连。gp41 与靶细胞融合，促使病毒进入细胞内。实验表明 gp41 亦有较强抗原性，能诱导产生抗体反应。

（4）TaT 基因编码蛋白可与 LTR 结合，以增加病毒所有基因转录率，也能在转录后促进病毒 mRNA 的翻译。

（5）Rev 基因产物是一种顺式激活因子，能对 env 和 gag 中顺式作用抑制序去抑制作用，增强 gag 和 env 基因的表达，以合成相应的病毒结构蛋白。

（6）Nef 基因编码蛋白 p27 对 HIV 基因的表达有负调控作用，以推迟病毒复制。该蛋白作用于 HIV cDNA 的 LTR，抑制整合的病毒转录。可能是 HIV 在体内维持持续感集体所必需。

（7）Vif 基因对 HIV 并非不可少，但可能影响游离 HIV 感染性、病毒体的产生和体内传播。

（8）VPU 基因为 HIV - 1 所特有，对 HIV 的有效复制及病毒体的装配与成熟不可少。

（9）Vpr 基因编码蛋白是一种弱的转录激活物，在体内繁殖周期中起一定作用。

HIV - 2 基因结构与 HIV - 1 有差别：它不含 VPU 基因，但有一功能不明 VPX 基因。核酸杂交法检查 HIV - 1 与 HIV - 2 的核苷酸序列，仅 40% 相同。env 基因表达产物激发机体产生的抗体无交叉反应。

培养特性

将病人自身外周或骨髓中淋巴细胞经 PHA 刺激 48～72 小时做体外培养

（培养液中加 IL2）1~2 周后，病毒增殖可释放至细胞外，并使细胞融合成多核巨细胞，最后细胞破溃死亡。亦可用传代淋巴细胞系如 HT – H9、Molt – 4 细胞作分离及传代。

HIV 动物感染范围窄，仅黑猩猩和长臂猿，一般多用黑猩猩做实验。用感染 HIV 细胞或无细胞的 HIV 滤液感染黑猩猩，或将感染 HIV 黑猩猩血液输给正常黑猩猩都感染成功，边续 8 个月在血液和淋巴液中可持续分离到 HIV，在 3~5 周后查出 HIV 特异性抗体，并继续维持一定水平。但无论黑猩猩或长臂猿感染后都不发生疾病。

抵抗力

HIV 对热敏感。56℃ 30 分钟失去活性，但在室温保存 7 天仍保持活性。不加稳定剂病毒 –70℃ 冰冻失去活性，而 35% 山梨醇或 50% 胎牛血清中 –70℃ 冰冻 3 个月仍保持活性。对消毒剂和去污剂亦敏感，0.2% 次氯酸钠、0.1% 漂白粉、70% 乙醇、35% 异丙醇、50% 乙醚、0.3% H_2O_2、0.5% 来苏尔处理 5′ 能灭活病毒，1% NP –40 和 0.5% triton – X –100 病毒性与免疫性。

传染源和传播途径

HIV 感染者是传染源，曾从血液、精液、阴道分泌液、眼泪、乳汁等分离得 HIV。传播途径有：

（1）性传播：通过男性同性恋之间及异性间的性接触感染。注：如同伴间要保持清洁的性交，有固定的伴侣，不要乱性，否则很容易感染！固定伴侣之间要互相了解有没有 HIV 感染情况！如没有，有安全套的使用，0% 感染概率，不带 0.0002% 感染概率，尤其要注意保护自己的身体健康状况！

（2）血液传播：通过输血、血液制品或没有消毒好的注射器传播，静脉嗜毒者共用不经消毒的注射器和针头造成严重感染，据我国云南边境静脉嗜毒者感染率达 60%。能灭活病毒而保留抗原性。对紫外线、γ 射线有较强抵抗力。

（3）母婴传播：包括经胎盘、产道和哺乳方式传播。

致病机制

HIV 选择性的侵犯带有 CD4 分子的，主要有 T4 淋巴细胞、单核巨噬细胞、树突状细胞等。细胞表面 CD4 分子是 HIV 受体，通过 HIV 囊膜蛋白 gp120 与细胞膜上 CD4 结合后由 gp41 介导使毒穿入易感细胞内，造成细胞破坏。其机制尚未完全清楚，可能通过以下方式起作用：

（1）由于 HIV 包膜蛋白插入细胞或病毒出芽释放导致细胞膜通透性增加，产生渗透性溶解。

（2）受染细胞内 CD – gp120 复合物与细胞器（如高尔基体等）的膜融合，使之溶解，导致感染细胞迅速死亡。

（3）HIV 感染时未整合的 DNA 积累，或对细胞蛋白的抑制，导致 HIV 杀伤细胞作用。

（4）HIV 感染细胞表达的 gp120 能与未感染细胞膜上的 CD4 结合，在 gp41 作用下融合形成多核巨细胞而溶解死亡。

（5）HIV 感染细胞膜病毒抗原与特异性抗体结合，通过激活补体或介导 ADCC 效应将细胞裂解。

（6）HIV 诱导自身免疫，如 gp41 与 T4 细胞膜上 MHC Ⅱ 类分子有一同源区，由抗 gp41 抗体可与这类淋巴细胞起交叉反应，导致细胞破坏。

（7）细胞程序化死亡：在艾滋病发病时可激活细胞凋亡。如 HIV 的 gp120 与 CD4 受体结合；直接激活受感染的细胞凋亡。甚至感染 HIV 的 T 细胞表达的囊膜抗原也可启动正常 T 细胞，通过细胞表面 CD4 分子交联间接地引起凋亡 CD +4 细胞的大量破坏，结果造成以 T4 细胞缺损为中心的严重免疫缺陷。患者主要表现：外周淋巴细胞减少，T4/T8 比例配置，对植物血凝素和某些抗原的反应消失，迟发型变态反应下降，NK 细胞、巨噬细胞活性减弱，IL2、γ 干扰素等细胞因子合成减少。病程早期由于 B 细胞处于多克隆活化状态，患者血清中 Ig 水平往往增高，随着疾病的进展，B 细胞对各种抗原产生抗体的功能也直接和间接地受到影响。

艾滋病人由于免疫功能严重缺损，常合并严重的机会感染。常见的有细胞（鸟分枝杆菌）、原虫（卡氏肺囊虫、弓形体）、真菌（白色念珠菌、新型隐球菌）、病毒（巨细胞病毒、单纯疱疹病毒、乙型肝炎病毒），最后导致无法控制而死亡，另一些病例可发生 Kaposis 肉瘤或恶性淋巴瘤。此外，感染单核巨噬细胞中 HIV 呈低度增殖，不引起病变，但损害其免疫功能，可将病毒传播全身，引起间质肺炎和亚急性脑炎。

HIV 感染人体后，往往经历很长潜伏期（3～5 年或更长至 8 年）才发病，表明 HIV 在感染机体中，以潜伏或低水平的慢性感染方式持续存在。当 HIV 潜伏细胞受到某些因素刺激，使潜伏的 HIV 激活大量增殖而致病，多数患者于 1～3 年内死亡。

自身免疫无法清除的原因

艾滋病病毒进入人体后，首先遭到巨噬细胞的吞噬，但艾滋病病毒很快改变了巨噬细胞内某些部位的酸性环境，创造了适合其生存的条件，并随即进入 T–CD4 淋巴细胞大量繁殖，最终使后一种免疫细胞遭到完全破坏。

HIV 感染后可刺激机体生产囊膜蛋白（gp120，gp41）抗体和核心蛋白（p24）抗体。在 HIV 携带者、艾滋病病人血清中测出低水平的抗病毒中和抗体，其中艾滋病病人水平最低，健康同性恋者最高，说明该抗体在体内有保护作用。但抗体不能与单核巨噬细胞内存留的病毒接触，且 HIV 囊膜蛋白易发生抗原性变异，原有抗体失去作用，使中和抗体不能发挥应有的作用。在潜伏感染阶段，HIV 前病毒整合入宿主细胞基因组中，免疫会把 HIV 忽略不被免疫系统识别，自身免疫无法清除。

艾滋病毒的特点

HIV 是艾滋病毒的英文缩写，它的特点主要为以下几点：

（1）主要攻击人体的 T 淋巴细胞系统。

（2）一旦侵入机体细胞，病毒将会和细胞整合在一起终生难以消除。

（3）病毒基因变化多样。

（4）广泛存在于感染者的血液、精液、阴道分泌物、唾液、尿液、乳汁、

脑脊液、有神经症状的脑组织液，其中以血液、精液、阴道分泌物中浓度最高。

（5）对外界环境的抵抗力较弱，对乙肝病毒有效的消毒方法对艾滋病病毒消毒也有效。

（6）感染者潜伏期长，死亡率高。

（7）艾滋病病毒的基因组比已知任何一种病毒基因都复杂。

艾滋病病毒感染人体后的症状

艾滋病病毒感染早期，亦称急性期，多数无症状，但有一部分人在感染数天至3个月时，出现像流感或传染性单细胞增多症样症状，如发热、寒战、关节疼、肌肉疼、头疼、咽痛、腹泻、乏力、夜间盗汗和淋巴结肿大，皮肤疹子是十分常见的症状，这之后，进入无症状感染期。

抗击艾滋病联盟

20世纪80年代末，人们视艾滋病为一种可怕的疾病。美国的艺术家们就用红丝带来默默悼念身边死于艾滋病的同伴。在一次世界艾滋病大会上，艾滋病病人和感染者齐声呼吁人们的理解。此时，一条长长的红丝带被抛在会场的上空。支持者将红丝带剪成小段，并用别针将折叠好的红丝带标志别在胸前。含义：红丝带像一条纽带，将世界人民紧紧联系在一起，共同抗击艾滋病，她象征着我们对艾滋病病毒感染者和病人的关心与支持；象征着我们对生命的热爱和对平等的渴望；象征着我们要用"心"来参与预防艾滋病的工作。

新型病毒 SARS 逞威

非典型性肺炎（SARS）是指还没找到确切的病源、尚不明确病原体的肺炎。目前特指在中国 2003 年流行的非典型性肺炎。

中国 2003 年流行的非典型性肺炎，由于医疗部门不能明确地找到致病的原因，所以在对本病的命名上曾经有过一些曲折，一开始医务人员给了它一个临时性的名字——"不明原因肺炎"（Unexplained pneumonia，简称 UP）。这种诊断在临床上对原因未明的疾病是允许的，也是比较常见的。后来，由于对本病的流行病学以及病理有了进一步地了解，知道这是一种最早是在医院外所患的感染性肺实质的炎症，于是提出了"社区获得性肺炎"（Community acquired pneumonia，简称 CAV）这一诊断。最后根据患者的临床表现以及不能培养出细菌，对普通的抗菌无效等重要依据，"非典型肺炎"（Atypical pneumonias）这一诊断终于浮出水面，并见之于众多媒体，成为最权威的说法。而有的专家倾向于认为非典型肺炎就是过去特指的由支原体、衣原体所引起的肺炎，由于这次发生在广东的肺炎已基本排除了支原体、衣原体感染引起，故不能称为非典型肺炎，应该称为"非典型的肺炎"或"非典型性肺炎"以示区别。

非典型肺炎

非典型肺炎是相对典型肺炎而言的。①典型肺炎通常是由肺炎球菌等常见细菌引起的。症状比较典型，如发烧、胸痛、咳嗽、咳痰等。实验室检查血白细胞增高，抗生素治疗有效。②非典型肺炎本身不是新发现的疾病，它多由病毒、支原体、衣原体、立克次体等病原引起，症状、肺部体征、验血结果没有典型肺炎感染那么明显，一些病毒性肺炎抗生素无效。

非典型肺炎是指一组由上述非典型病原体引起的疾病，而不是一个明确的诊断。其临床特点为隐匿性起病，多为干性咳嗽，偶见咯血，肺部听诊较少阳性体征；X线胸片主要表现为间质性浸润；其疾病过程通常较轻，患者很少因此而死亡。

非典型肺炎的名称起源于1930年末，与典型肺炎相对应，后者主要为由细菌引起的大叶性肺炎或支气管肺炎。20世纪60年代，将当时发现的肺炎支原体作为非典型肺炎的主要病原体，但随后又发现了其他病原体，尤其是肺炎衣原体。目前认为，非典型肺炎的病原体主要包括肺炎支原体、肺炎衣原体、鹦鹉热衣原体、军团菌和立克次体（引起Q热肺炎），尤以前两者多见，几乎占每年成年人社区获得性肺炎住院患者的1/3。这些病原体大多为细胞内寄生，没有细胞壁，因此可渗入细胞内的广谱抗生素（主要是大环内酯类和四环素类抗生素）对其治疗有效，而β内酰胺类抗生素无效。而对于由病毒引起的非典型肺炎，抗生素是无效的。

流行病史

2002年11月16日，佛山市第一人民医院接诊了一例特殊肺炎患者。在佛山市发现了2～3个病例。此后，河源、中山、江门、广州、深圳相继出现类似病例。

2002年12月15日，紫金县的黄可初和郭杜程先后住进了河源市人民医院。曾经接诊过他们的5名医务人员先后出现与患者相同的症状。恐慌的人们在河源各大药店门口排起了长队。当时的人们涌到了药店，但是根本不清楚应该买什么药，只是跟风抢购一些抗病毒药品。有人一下子竟然买10多盒。不久，全城药店此类药品脱销，买不到药的人更加恐慌，直到晚上9时多药店关门还有人在排队。更有的家长赶着去学校将孩子接回家避"祸"。

2003年1月2日，中山市收治类似病人。由于对这种病缺乏了解，医务人员并没有及时防护，中山市某医院有七八个工作人员被传染。从1月16日开始，中山市"肺炎流行"的谣言蔓延开来，市民纷纷到药房购药用以防备，一些人一买就是几十盒。记者了解到，一盒普通的罗红霉素10多元一盒，好一点的则要28元一盒，大多数市民一买就是好几百元。中山市最大的药品连锁店"中继大药房"负责人说，16日开始，前来药店购买罗红霉素的市民便开始增多，17 日达到高峰，其属下的 8 个连锁店有一半出现罗红霉素脱销的局面。

2003 年 2 月 6 日，广东非典型肺炎进入发病高峰，全省发现病例达 218 例，一下子增加 45 例，大大超过此前单日新增病例。而这些病例主要集中在广州，相当一部分还是接诊的医务人员。"先是从医院内部员工给亲友发出提醒短信，然后由这些亲友传给更多的社交群。正月初八到初十左右，已经流传广泛。而在广东，有相当的市民拥有两部手机。"据广东移动通讯的短信流量统计，这 3 日其用户共发了 12 600 万条短信，快赶上大年三十到初一期间的拜年短信流量了。而极度泛滥的信息带来了灾难性的社会大恐慌。2 月10 ~ 11 日，广州街道呈现出一片萧条景观，酒店、餐馆及各种娱乐场所无人光顾。12 日，连北京的药店都采取限购板蓝根（同仁堂的 2 盒、其他品牌 5 盒）的规定。

流行病学

空气飞沫近距离传播，家属及医务人员有可能经接触病人的分泌物感染。

流行病学规律：男女之间发病无差别，从年龄看青壮年占 70% ~ 80%，与既往的呼吸道传染病患者体弱的老少患者居多不同；因最初起病时防护

SARS 聚集感染

措施不够，医务人员属非典型肺炎高发人群，但经采取措施后医务人员的感染率已从最初的 33% 左右下降到 24% 左右；在家庭和医院有聚集感染现象。

预 防

避免前往人烟稠密的地方。

通风良好：保持室内空气流通，经常开窗通风。在公共汽车或出租车要开窗通风。

注意个人卫生：勤洗手，保持双手清洁，并用正确方法洗手。用皂液，流水洗手，时间在 30 秒以上。双手被呼吸系统分泌物弄污后（如打喷嚏后）应洗手。应避免触摸眼睛、鼻及口，如需触摸，应先洗手。

注意均衡饮食、定时进行运动、有足够休息、减轻压力和避免吸烟，以增强身体的抵抗力。

公共场所经常使用或触摸的物品定期用消毒液浸泡、擦拭消毒。

在公共场所人群拥挤的地方可以戴 16 层纱布口罩。但在空旷的地方活动或在大街上行走就没有必要戴口罩。

避免探视病人。

打喷嚏或咳嗽时应掩口鼻。

提示：好的心情，好的心态比种种严格的预防措施都显得重要，是否能够远离疾病，在于自身的免疫能力。适当感染一些病毒并不是完全不可。非典的传染性并不像人们想象的那样可怕。

不能滥用抗生素预防 SARS

由于 SARS 是由于病毒引起，所以，针对细菌有效的任何抗生素类药物，均对此疾病无明显疗效。传统意义的"非典型肺炎"，可能是由于支原体、衣原体、立克次体等病原体引起，或由罕见细菌引起，则可能会对大环内酯类抗生素有敏感性，即用大环内酯类抗生素（即红霉素类）可以作为特效药物治疗。但若传统意义上的"非典型肺炎"也是由于病毒引起，则抗生素也无效。此时，若运用抗生素，实为抗生素的滥用。

目前已经找到治疗"非典"的方法，中国和欧盟科学家联手，成功找到了 15 种能有效杀灭"非典"病毒的化合物，为合成"非典"疗药物提供了新方法。中欧科学家 2005 年 6 月 9 日在杭州结束的"中国——欧盟、非典，诊断及病毒研究"项目学术年会上公布了这一成果。

伸向孩子的魔掌——手足口病

手足口病是由肠道病毒引起的传染病,多发生于 5 岁以下儿童,可引起手、足、口腔等部位的疱疹,少数患儿可引起心肌炎、肺水肿、无菌性脑膜脑炎等并发症。个别重症患儿如果病情发展快,可导致死亡。

引发手足口病的肠道病毒有 20 多种(型),柯萨奇病毒 A 组的 16、4、5、9、10 型,B 组的 2、5 型,以及肠道病毒 71 型均为手足口病较常见的病原体,其中以柯萨奇病毒 A16 型(Cox A16)和肠道病毒 71 型(EV 71)最为常见。

传播渠道:

(1)人群密切接触传播。通过被病毒污染的手巾、毛巾、手绢等物品。患病者接触过的公共健身器械等。(体表传播)

(2)患者喉咙分泌物(飞沫)传播。(呼吸道传播)

(3)饮用或食用被患病者污染过的水和食物。(饮食传播)

(4)带有病毒之苍蝇叮爬过的食物。

(5)直接接触患者。

手足口病的历史

手足口病是全球性传染病,世界大部分地区均有此病流行的报道。1957 年新西兰首次报道,1958 年分离出柯萨奇病毒,1959 年提出 HFMD 命名。早期发现的手足口病的病原体主要为 Cox A16 型。手足口病与 EV 71 感染有关的报道则始自 20 世纪 70 年代初,1972 年 EV 71 在美国被首次确认。此后 EV 71 感染与 Cox A16 感染交替出现,成为手足口病的主要病原体。澳大利亚和美国、瑞典一样,是最早出现 EV 71 感染的国家之一。1972—1973 年、1986 年和 1999 年澳大利亚均发生过 EV 71 流行,重症病人大多伴有中枢神经系统症状,一些病人还有严重的呼吸系统症状。20 世纪 70 年代中期,保加利亚、匈牙利相继暴发以 CNS 为主要临床特征的 EV 71 流行，仅保加利亚就超过 750 例发病，149 人致瘫，44 人死亡。英国 1994 年 4 季度暴发了一起遍布英格兰、威尔士由 Cox A16 引起的手足口病流行，监测哨点共观察到 952 个病例，为英国有记录以来的最大一次流行，患者大多 1～4 岁，大部分病人症状平和。

该国 1963 年以来的流行病资料数据显示，手足口病流行的间隔期为 2～3 年。其他国家如意大利、法国、荷兰、西班牙、罗马尼亚、巴西、加拿大、德国也经常发生由各型柯萨奇、埃可病毒和 EV 71 引起的手足口病。日本是手足口病发病较多的国家，历史上有过多次大规模流行，1969—1970 年的流行以 Cox A16 感染为主，1973 和 1978 年的 2 次流行均为 EV 71 引起。主要临床症状为病情一般较温和，但同时也观察到伴无菌性脑膜炎的病例。1997—2000 年手足口病在日本再度活跃，EV 71、Cox A16 均有分离，EV 71 毒株的基因型也与以往不同。20 世纪 90 年代后期，EV 71 开始肆虐东亚地区。1997 年马来西亚发生了主要由 EV 71 引起的手足口病流行，4—8 月共有 2628 例发病，仅 4—6 月就有 29 例病人死亡。死者平均年龄 1.5 岁，病程仅 2 天，100% 发热，62% 手足皮疹，66% 口腔溃疡，28% 病症发展迅速，17% 肢软瘫，17 例胸片显示肺水肿。

我国自 1981 年在上海始见本病，以后北京、河北、天津、福建、吉林、山东、湖北、西宁、广东等十几个省市均有报道。1983 年天津发生 Cox A16 引起的手足口病暴发流行，5—10 月间发生了 7 000 余病例，经过 2 年散发流行后，1986 年又出现暴发，在托儿所和幼儿园 2 次暴发的发病率分别达 2.3% 和 1.9%。1995 年武汉病毒研究所从手足口病人中分离出 EV 71 病毒，1998 年深圳市卫生防疫站也从手足口病患者中分离出 2 株 EV 71 病毒。1998 年 EV 71 感染在我国台湾省引发大量手足口病和疱疹性咽峡炎，在 6 月和 10 月两波流行中，共监测到 129106 病例，重症病人 405 例，死亡 78 例，大多为 5 岁以下的儿童，并发症包括脑炎、无菌性脑膜炎、肺水肿或肺出血、急性软瘫和心肌炎。2000 年 5～8 月山东省招远市暴发了小儿手足口病大流行，在 3 个多月里，招远市人民医院接诊患儿 1698 例，其中男 1025 例，女 673 例，男

病毒家族的历史

女之比为 1.5∶1，年龄最小 5 个月，最大 14 岁。首例发生于 5 月 10 日，7 月份达高峰，末例发生于 8 月 28 日。128 例住院治疗患儿，平均住院天数 5.1 天，其中 3 例合并暴发心肌炎死亡。

预　防

手足口病对婴幼儿普遍易感。大多数病例症状轻微，主要表现为发热和手、足、口腔等部位的皮疹或疱疹等特征，多数患者可以自愈。疾控专家建议大家，养成良好卫生习惯，做到饭前便后洗手，不喝生水、不吃生冷食物，勤晒衣被，多通风。托幼机构和家长发现可疑患儿，要及时到医疗机构就诊，并及时向卫生和教育部门报告，及时采取控制措施。轻症患儿不必住院，可在家中治疗、休息，避免交叉感染。

手足口病传播途径多，婴幼儿和儿童普遍易感。做好儿童个人、家庭和托幼机构的卫生是预防本病感染的关键。

手足口病护理

专家指导：在饭前饭后用生理盐水给宝宝漱口；对不会漱口的宝宝，可以用棉棒蘸生理盐水轻轻地清洁口腔。对于口腔溃疡症状相对严重的患儿，采取药物治疗的同时应注意缓解患儿的口腔疼痛，可以将维生素 B2 粉剂或鱼肝油直接涂于口腔糜烂部位，促使糜烂早日愈合。另外有患者反应，将华素片研成粉末，用棉签沾上敷于溃疡面，疗效很好。华素片的主要成分"西地碘"能在口腔局部迅速杀灭各种致病微生物，从而有效收敛消肿，改善溃疡面的血液流通，迅速缓解口腔溃疡给患儿带来的疼痛，并促进宝宝受损的口腔黏膜愈合。

除此之外，此时宜给宝宝吃清淡、温性、可口、易消化、柔软的流质或半流质，切忌食用冰冷、辛辣、咸等刺激性食物。

由禽类传播的流感病毒——禽流感

禽流感是禽流行性感冒的简称，它是一种由甲型流感病毒的一种亚型（也称禽流感病毒）引起的传染性疾病，被国际兽疫局定为甲类传染病，又称真性鸡瘟或欧洲鸡瘟。按病原体类型的不同，禽流感可分为高致病性、低致病性和非致病性禽流感 3 大类。非致病性禽流感不会引起明显症状，仅使染病的禽鸟体内产生病毒抗体。低致病性禽流感可使禽类出现轻度呼吸道症状，食量减少，产蛋量下降，出现零星死亡。高致病性禽流感最为严重，发病率和死亡率均高，感染的鸡群常常"全军覆没"。

禽流感是由禽流感病毒引起的一种急性传染病，也能感染人类。人感染后的症状主要表现为高热、咳嗽、流涕、肌痛等，多数伴有严重的肺炎，严重者心、肾等多种脏器衰竭导致死亡，病死率很高。此病可通过消化道、呼吸道、皮肤损伤和眼结膜等多种途径传播，人员和车辆往来是传播本病的重要因素。

症 状

禽流感的症状依感染禽类的品种、年龄、性别、并发感染程度、病毒毒力和环境因素等而有所不同，主要表现为呼吸道、消化道、生殖系统或神经系统的异常。

常见症状有：病鸡精神沉郁，饲料消耗量减少，消瘦；母鸡的就巢性增强，产蛋量下降；轻度直至严重的呼吸道症

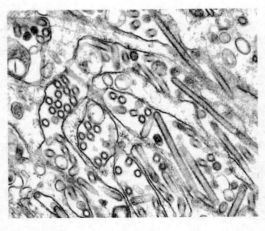

禽流感病毒

状，包括咳嗽、打喷嚏和大量流泪；头部和脸部水肿，神经紊乱和腹泻。

这些症状中的任何一种都可能单独或以不同的组合出现。有时疾病暴发很迅速，在没有明显症状时就已发现鸡死亡。

另外，禽流感的发病率和死亡率差异很大，取决于禽类种别和毒株以及年龄、环境和并发感染等，通常情况为高发病率和低死亡率。在高致病力病毒感染时，发病率和死亡率可达100%。

禽流感潜伏期从几小时到几天不等，其长短与病毒的致病性、感染病毒的剂量、感染途径和被感染禽的品种有关。

死亡率高于非典

最早的人禽流感病例出现在1997年的香港。那次H5N1型禽流感病毒感染导致12人发病，其中6人死亡。根据世界卫生组织的统计，到目前为止全球共有15个国家和地区的393人感染，其中248人死亡，死亡率63%。中国从2003年至今有31人感染禽流感，其中21人死亡。

传染源

流感病毒有3个抗原性不同的型，所有的禽流感病毒都是A型。A型流感病毒也见于人、马、猪，偶可见于水貂、海豹和鲸等其他哺乳动物及多种禽类。

甲型H1N1流感的肆虐

2009年3月18日开始，墨西哥陆续发现人类感染、死亡病例。

2009年5月2日加拿大联邦卫生官员在渥太华举行的新闻发布会上证实，加西部艾伯塔省一猪场的猪身上检测出甲型H1N1流感病毒，这是世界上首次发现猪受这种新病毒感染。

我国（大陆）首例甲型 H1N1 流感

中国卫生部于 2009 年 5 月 22 日上午确诊了中国首例甲型 H1N1 流感患者。

四川省卫生厅副厅长颜丙约 5 月 11 日上午通报说："5 月 10 日下午，四川省卫生厅报告四川省人民医院发现 1 例发热病例，根据临床表现和实验室检验结果，初步诊断为甲型 H1N1 流感疑似病例。此后，患者已被转送成都市传染病医院隔离治疗，其就诊过程中的 15 名医护人员作为密切接触者也已采取医学观察措施。"

据介绍，患者目前体温正常，病情已有恢复，精神状态良好。包某某到成都后，与其父亲、女友、出租车司机 3 人有过接触。目前 3 人均被转送到成都市传染病医院隔离治疗，经专家会诊、紧急防治，目前情况稳定。

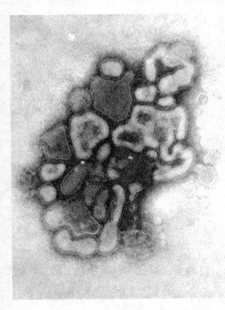

甲型 H1N1 病毒

患者包某某，男，30 岁，此前在美国某大学学习。患者于 5 月 7 日由美国圣路易斯经圣保罗到日本东京，5 月 8 日从东京乘 NW029 航班于 5 月 9 日凌晨 1 时 30 分抵达北京首都国际机场，并于同日 10 时 50 分乘川航 3U8882 航班从北京起飞，于 13 时 17 分抵达成都。

患者 5 月 9 日在北京至成都航程中自觉有发热、咽痛、咳嗽等症状，在成都下机后到四川省人民医院就诊。5 月 10 日上午，四川省疾病预防控制中心 2 次复核检测，初步诊断患者为甲型 H1N1 流感疑似病例。5 月 10 日晚，中国疾病预防控制中心和军事医学科学院接到疑似患者标本，连夜开展实验室检测。11 日早晨，中国疾病预防控制中心和军事医学科学院对该疑似患者咽拭子标本甲型 H1N1 流感病毒的核酸检测结果为阳性。

流行性感冒简称流感，是由甲、乙、丙三种流感病毒引起的急性呼吸道传染病。甲型流感病毒根据其表面（H 和 N）结构及其基因特性的不同又可分成许多亚型，至今甲型流感病毒已发现的血凝素有 16 个亚型（H1 ~ H16），神经氨酸酶 9 个亚型（N1 ~ N9）。猪流感是一种因甲型流感病毒引起的猪呼吸系统疾病。目前，已从猪身上分离到 4 种主要的亚型：H1N1、H1N2、H3N2 和 H3N1。猪流感病毒在猪群中全年可以传播，但多数暴发于秋季末期和冬季，发病率较高，病死率较低。

美国曾于 1976 年在新泽西州迪克斯堡的士兵中出现猪流感暴发，引起 200 多例病例，其中至少 4 名士兵进展成肺炎，1 人死亡。1988 年，美国出现了猪流感人际间传播的迹象，接触过 1 例猪流感病例的医护人员中出现了轻微的流感样疾病，并在血清中检测出猪流感抗体。2005 年 12 月至 2009 年 2 月期间，美国共报道了 12 例人感染猪流感病例，但均未出现死亡。

自 2009 年 4 月 23 日起，截至 4 月 27 日，全球共 4 个国家报道了实验室确诊的人感染猪流感病毒病例，此次感染的亚型是新变异的 H1N1 亚型毒株。其中美国共计 40 例，均为轻症病例；墨西哥确诊 26 例，其中 7 例死亡；加拿大和西班牙分别报告了 6 例和 1 例，均无死亡病例。

人感染猪流感病毒后，现有资料表明，传染期为发病前 1 天至发病后 7 天。若病例发病 7 天后仍有发热症状，表示仍具有传染性。儿童，尤其是幼儿，传染期可能长于 7 天。

人感染猪流感的潜伏期尚不明确，参照流感的潜伏期一般为 1 ~ 3 天。临床症状与流感相似，包括发热、咳嗽、咽痛、躯体疼痛、头痛、畏寒和疲劳等。有些人还会出现腹泻和呕吐，甚至引起严重疾病（肺炎和呼吸衰竭）和死亡。近期分离到的猪流感病毒 A（H1N1）对神经氨酸酶抑制剂类药物敏感，对金刚烷胺和金刚乙胺耐药。因此，世界卫生组织和美国 CDC 均建议使用奥司他韦或扎那米韦治疗和预防人感染猪流感病毒，但尚无有效的预防疫苗。

病毒家族的历史

89

病原学

甲型 H1N1 流感病毒属于正黏病毒科，甲型流感病毒属。典型病毒颗粒呈球状，直径为 80～120 纳米，有囊膜。囊膜上有许多放射状排列的突起糖蛋白，分别是红细胞血凝素（HA）、神经氨酸酶（NA）和基质蛋白 M2。病毒颗粒内为核衣壳，呈螺旋状对称，直径为 10 纳米。为单股负链 RNA 病毒，基因组约为 13.6kb，由大小不等的 8 个独立片段组成。病毒对乙醇、碘伏、碘酊等常用消毒剂敏感；对热敏感，56℃条件下 30 分钟可灭活。

流行病学

传染源

甲型 H1N1 流感病人和无症状感染者为主要传染源。虽然猪体内已发现甲型 H1N1 流感病毒，但目前尚无证据表明动物为传染源。

传播途径

主要通过飞沫或气溶胶经呼吸道传播，也可通过口腔、鼻腔、眼睛等处黏膜直接或间接接触传播。接触患者的呼吸道分泌物、体液和被病毒污染的物品亦可能造成传播。

战场上的潘多拉盒子

ZHANCHANG SHANG DE PANDUOLA HEZI

病毒个体微小，与人类生活密切相关，在自然界中"无处不在，无处不有"，涵盖了有益有害的众多种类，广泛涉及健康、医药、工农业、环保等诸多领域。由微生物引起的传染病发病快、死亡率高、传播迅速、传播范围广，不仅严重危害着人民健康而且极易引起大众的心理恐慌，因此，病毒常常被恐怖分子选择用于制造生物恐怖事件的首选目标。随着现代生物技术的飞速发展，对某些烈性病原生物进行遗传改造，使其毒力增强或在其强致病性的基础上增加各种耐药基因，使之更加难于救治已愈来愈引起各国的重视。

正是由于生化武器具有巨大的危害性，一些恐怖组织也想利用生化武器进行恐怖活动。日本的奥姆真理教首领麻原就想利用生化武器，制造社会混乱。生化武器一旦掌握在战争狂人、恐怖分子手中，后果不堪设想不堪设，一切爱好和平的国家和人民对此不能掉以轻心！

最早的生物武器——病毒

　　21 世纪，人类可能面临的战争形态是不对称战争。利用某些种类的新、危病毒进行生物战争，可能成为这种战争中的一种重要手段。这种战争手段可以在隐秘的条件下采用，并可以在短时期内，给对手造成经济、政治和生命的严重破坏。对此，我们已有必要引起高度警惕。人类历史上最早利用生物武器进行的战争，起源于汉武帝后期的汉匈之战，是匈奴人所最早使用，对中国造成了严重的祸害。此事件关系西汉后期，以至两汉魏晋数百年历史，影响至为深远。但迄今从未被史家所论及。

　　征和四年汉武帝著名的"轮台诏"中说：几年前匈奴将战马捆缚前腿送放到长城之下，对汉军说："你们要马，我送你们战马。"而所捆缚的这些战马，是被汉巫施过法术的马匹。所谓法术，当时称为"诅"或"蛊"。实际就是染上草原所特有、汉地所没有的病毒的带疫马匹。汉人将此马引入关后，遂致人染病。

　　在武帝时代汉匈战争之后期，由于汉军攻势猛烈，"匈奴闻汉军来，使巫埋羊牛，于汉军所出诸道及水源上，以阻汉军。"

　　埋牛羊如何能阻挡汉军攻势呢？原来这些羊牛也是被胡巫"诅"过的，汉军触及或食用或饮用过设置牛羊尸体的水源，就会大染疾疫，使军队丧失战斗力。显然，这些牛羊是被胡巫作过特殊毒化处理的"生物武器"。这是人类历史上见诸记载的第一代生化武器。这种生化战的后果，《通鉴》记东汉桓帝延熹五年春三月，皇甫规伐羌之战，"军中大疫，死者十之三四。"可知流行疫病对当时军队战斗力影响之大。

　　汉武帝时代的名将霍去病，远征匈奴归后，年仅 24 岁就病死了。使他早夭致死的病因在历史上始终是一个谜。但是《汉书》本传记："骠骑将军登临瀚海，取食于敌，卓行殊远而粮不绝。"他的部队不带粮草，完全依靠掠食匈奴牛羊，则在胡巫施术后，部属必多染疾疫。这位年轻将领一向体魄壮健，剽勇过人。远征归来后，突患暴病而夭折。现在看来，很可能与匈奴的"生物战"有关。

匈奴（胡巫）通过疫马和疫畜所施放的瘟疫，当时人称为"伤寒"。由于缺乏有效抗疫手段，自武帝后期开始，从西汉中期直到三国、魏晋的200余年间，这种流行恶疫呈 10～20 年的周期反复发作，频频不已，绵延不断。在政治、经济、宗教、文化以及医学上，均对中国历史发生了极其深远的影响和变化。东汉末名医张仲景总结治疗疫病经验写成名著《伤寒论》，就是从中医学上对两汉时期流行瘟疫的治疗方法的一部总结性著作。

西汉后期，由王莽改制及赤眉、绿林起义引爆的社会动乱，原因除当时社会中的阶级矛盾外，与大疫的流行也有关系。总体来说，当社会的上升期，大疫不致影响社会安定。但在社会危机时期，大疫往往成为社会变乱的导因。至东汉后期，疫情再度频繁发作。特别是东汉桓帝延熹年间国中屡发"大疫"。延熹五年瘟疫对军事的影响已见前述。延熹七年襄楷上疏警告皇帝称：当前"天象异，地吐妖，人疾疫"，可能会引发社会变乱。这一预言不到 20 年就应验了。桓帝死后，灵帝时代大疫又于公元 171 年、173 年、179 年、182 年、185 年 5 次暴发流行。其中尤以灵帝光和五年春（公元 182）的大疫最为猛烈。次年即光和六年（公元 183 年），张氏三兄弟（张角、张宝、张梁）趁民间大疫流行，"以妖术教授，立'太平道'，咒符水以为人疗病，民众神信之。十余年间，徒众数十万。"其徒党诡称"苍天已死，黄天当立，岁在甲子，天下大吉"，起事焚烧官府，劫掠州邑，旬月之间，天下响应。这就是著名的"黄巾起义"。由黄巾起义，中经三国分裂，直到晋武帝泰始元年（公元265）重新统一中国为止，战乱分裂绵延持续 80 余年。而在这期间，瘟疫仍然反复发作不已。

战乱与疾疫，导致这一时期中国人口锐减。汉桓帝永寿三年（公元 157）统计全国人口 5650 万。仅 80 年后，晋武帝太康元年（公元 280）统计，全国人口仅有 1600 余万，锐减去 3/4。毛泽东同志曾注意到汉末三国时期中国人口的锐减情况，说"原子弹不如刘关张的大刀长矛厉害"。其实，导致这一时期中国人口锐减的更重要原因并不仅是战争，而是饥荒和瘟疫。

匈奴本身虽是汉代这场生物战的最初发动者，但其本族后来也成为严重的受害者。史载自武帝征和年代后，匈奴部亦屡遭大疫，导致人口锐减。在汉军的打击下，势力急剧衰落。随着北匈奴的西迁，在公元2世纪后，这种瘟疫暴发于中亚，2～3世纪流行到罗马。公元6世纪中亚、南亚、阿拉伯半岛、北非，传布到几乎整个欧洲……

古代战争曾将患病驴子用作生化武器

据国外媒体报道，加拿大科学家的一项最新研究表明，早在3300年前，人类就曾在战争中使用过"生化武器"，只不过这种"生化武器"是感染了致命病菌的驴子而已。

在最新一期出版的《医学假说》杂志上，加拿大科学家刊登了他们的一篇研究文章，称在公元前1320～前1318年的安纳托利亚战争期间，古代阿扎瓦人和赫提人都曾"在双方交战中将感染患病的动物用作武器"。加拿大分子生物学家西罗－特维桑纳托博士说："这些动物都曾是土拉弗朗西斯菌的携带者。土拉菌病又称兔热菌，其病原体就是土拉弗朗西斯菌，即便是在今天，如果不使用抗生素及时治疗也极易致命。"特维桑纳托表示，这种病菌曾在东地中海一带最为活跃，直到公元前14世纪末，这种持久的致命性传染病在中东大部分地区引发了有名的赫提瘟疫。约在公元前1335年，有人将发生在今天黎巴嫩和叙利亚之间的边界之城，当时的西米拉市的这场瘟疫写成文字，报告给了埃及国王阿肯纳顿。

为了防止这种传染病扩散，人们禁止用驴拉大篷车，然而病菌还是感染了从塞浦路斯到伊拉克以及从以色列到叙利亚之间的广大地区。后来，战争使这种病传播到了安纳托利亚中部和西部。最后，随着曾在西安纳托利亚作战的爱琴海战士返回家园，传染病得到进一步传播扩散。特维桑纳托说："这场瘟疫持续了35～40年，土拉弗朗西斯菌通过诸如驴等啮齿类动物，感染了人类和动物，并导致他们发烧、残疾和死亡。此外，还有迹象表明，该地区的土拉菌病可追溯至公元前2500年，这意味着土拉菌病是该区域的地区病。"

加拿大研究人员表示，位于今天的土耳其至北叙利亚的赫提王国也曾在攻打了西米亚市后，在战利品和囚犯的传播下感染了土拉菌病，几年内两位国王相继死于该病。赫提王国为此大受重挫，于是来自西安纳托利亚的阿扎瓦人乘虚而入，因此公元前 1320 年—公元前 1318 年，力量薄弱的赫提人用感染土拉菌病的驴和羊作为武器，在 2 年内成功击退了敌军。有记载表示，公羊曾神秘地涌上阿扎瓦的公路。一块可追溯至公元前 14 世纪—前 13 世纪的石板上描述了这段情景，上面写着"这个国家发现他们将受可怕的瘟疫控制"，从而证明了生物武器的说法。据特维桑纳托称，这些公羊就是赫提人放出来的，为了将土拉菌病传播给敌人。阿扎瓦人看穿赫提人的用计后，立即以牙还牙，也将染病的公羊赶上了敌军的公路。

 知识点

生物武器的攻击目标

生物武器一般没有立即杀伤作用，但有较强的致病性和传染性。因此，有些外国军队主张把生物武器主要用于战略目的，强调秘密突然地使用在对方广大后方地区，造成对方军民传染病流行，以破坏对方生产和运输，削弱其战斗力和战争潜力，并造成心理上的恐慌。主要攻击的目标是：①军队集结地域，人口集中地区，交通枢纽；②重要的工农业区、牧场、水库、水源及粮食仓库；③军队后方地域、海港、海空军基地、机场、舰队和岛屿；④被包围的城市、要塞等。在外国军队中有人主张，生物武器也可用于战役战术地幅，造成严重的污染区，限制对方的机动。进攻顺利时，一般不使用生物武器，但对设防坚固的孤立据点可能使用；防御中，对进入的对方有生力量，主要使用潜伏期短的生物武器。

病毒与生物战剂

生物武器的基础——生物战剂

生物战剂是军事行动中用以杀死人、牲畜和破坏农作物的病毒、致命微生物、毒素和其他生物活性物质的统称。旧称细菌战剂。生物战剂是构成生物武器杀伤威力的决定因素。致病微生物一旦进入机体（人、牲畜等）便能大量繁殖，导致破坏机体功能、发病甚至死亡。它还能大面积毁坏植物和农作物等。生物战剂的

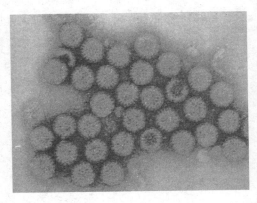

鼠疫菌——生物战剂

种类很多，据国外文献报道，可以作为生物战剂的致命微生物约有 160 种之多，但就具有引起疾病能力和传染能力的来说就为数不算很多。

生物战剂的分类

（1）根据生物战剂对人的危害程度，可分为致死性战剂和失能性战剂：

①致死性战剂。致死性战剂的病死率在 10% 以上，甚至达到 50% ~ 90%。炭疽杆菌、霍乱狐菌、野兔热杆菌、伤寒杆菌、天花病毒、黄热病毒、东方马脑炎病毒、西方马脑炎病毒、斑疹伤寒立克次体、肉毒杆菌毒素等。

②失能性战剂。病死率在 10% 以下，如布鲁杆菌、Q 热立克次体、委内瑞拉马脑炎病毒等。

（2）根据生物战剂的形态和病理可分为：

①细菌类生物战剂。主要有炭疽杆菌、鼠疫杆菌、霍乱狐菌、野兔热杆

菌、布氏杆菌等。

②病毒类生物战剂。主要有黄热病毒、委内瑞拉马脑炎病毒、天花病毒等。

③立克次体类生物战剂。主要有流行性斑疹伤寒立克次体、Q热立克次体等。

④衣原体类生物战剂。主要有鸟疫衣原体。

⑤毒素类生物战剂。主要有肉毒杆菌毒素、葡萄球菌肠毒素等。

⑥真菌类生物战剂。主要有粗球孢子菌、荚膜组织胞浆菌等。

（3）根据生物战剂有无传染性可分为2种：

①传染性生物战剂，如天花病毒、流感病毒、鼠疫杆菌和霍乱弧菌等。

②非传染性生物战剂，如土拉杆菌、肉毒杆菌毒素等。

随着微生物学和有关科学技术的发展，新的致病微生物不断被发现，可能成为生物战剂的种类也在不断增加。近些年来，人类利用微生物遗传学和遗传工程研究的成果，运用基因重组技术界限遗传物质重组，定向控制和改变微生物的性状，从而有可能产生新的致命力更强的生物战剂。

四大生物战剂

小卧底也能大屠杀

生物恐怖袭击是一种非常阴损且历史悠久的攻击手段。通常由空气传播的细菌或病毒制剂，几乎都看不见，也闻不出味道。一般人不像小说里的大侠，不是打通了小宇宙，就是拥有第六感。遭受袭击时常常在不知不觉中吸入这类制剂，要直到若干天之后病发时才能明白自己已遭毒手。到了这个时候再进行抢救和采取保护措施都为时已晚。

这种用生物制剂作为武器的概念，最早可以追溯到古希腊以及古罗马时代。人们最初认为疾病是通过恶臭的气味在空气中散播的，于是经常在战争中将已经腐烂的动物尸体投入到水中，通过污染对方饮水系统的方式致使敌人患病，算是一种最古老的生物武器。后来这一手段发展到使用人的尸体，而且直到 19 世纪美国内战时期仍然被采用。

　　有记载的各种恶毒的例子数不胜数。在 18 世纪，当时欧洲人正在北美开疆扩土，大不列颠北美总司令詹妮弗·阿莫斯特勋爵曾建议使用天花来"消除"北美的土著印第安人。随后英国人便故意将天花病人曾经使用过的毛毯和手绢散发或留弃到北美的印第安人部落里。这直接导致了天花在俄亥俄河谷的印第安人部落中暴发流行。在二次世界大战中，最臭名昭著的例子莫过于日本的细菌学专家、中将石井四郎所领导的 731 部队及研究所。在中国东北的范平县，731 部队建立了一个由 150 座建筑物和 5 000 名研究人员构成的细菌战大本营。1932 年—1945 年，仅通过活体实验死在 731 部队魔手下的中国军民就达到 10 000 人以上。他们还曾经在中国的 11 个城市进行过大规模的实地细菌战试验，其中通过飞机播撒的带菌跳蚤每次竟超过 1 500 万只！

　　盟军在二战中也曾进行过进攻性生物武器的研究。曾在 2001 年给美国人留下深刻记忆的炭疽杆菌，其实早在 20 世纪 40 年代，就在战时的战争储备署主导下进行过研究。只不过当时研制的炭疽弹，因为安全措施不力的原因，难以大规模投入生产。但其间后方已经为美军装配了 5 000 枚含有炭疽芽孢的细菌弹。

生物毒剂

　　在过去的 30 年里，分子生物学技术的发展非常迅速。人们之所以研究以人类和动物为宿生的细菌和病毒的机理，本来是为了减少或预防疾病。但现在这些研究成果很容易被另作他图，发展出更为强大的生物武器。这些生物毒剂包括鼠疫菌、炭疽菌、兔热病菌、天花菌或病毒性出血热病毒，以及其他已知的或潜在的恐怖主义制剂。作为人们手中的一种工具，分子生物学与病毒结合，会产生出新型的致病性嵌合体。科学家们也可以应用多种耐药基因来改变现有的病原体，作用于生物体。另一方面，近几年来已经出版过很多成套的人类病原体基本数据集，再加上那些公开发表的，涉及如何将新基因引入细菌的研究成果等等，都降低了恐怖分子研制生物武器的门槛。实在是危机四伏啊，不可不防。

各国生物武器概况

生物武器是生物战剂及其施放装置的总称，它的杀伤破坏作用靠的是生物战剂。生物武器的施放装置包括炮弹、航空炸弹、火箭弹、导弹弹头和航空布撒器、喷雾器等。以生物战剂杀死有生力量和毁坏植物的武器统称为生物武器。

德　国

第一次世界大战期间德国曾利用间谍撒播马鼻疽杆菌及炭疽杆菌感染对方的骡马。这是 20 世纪生物武器的第一次应用。1917 年德国用飞机在罗马尼亚上空撒播过污染细菌战的水果、巧克力和玩具。但德国更信赖化学战。由于德国的大力发展化学武器和第一次世界大战的失败，德国放弃了生物武器计划。

但生物武器的发展却进入了一个世界性的繁荣时期，各个大国都制定了生物武器研制计划，进行生物武器研制，并且还公开或秘密的应用于实战。

英　国

1916 年，英国于波顿建立了世界上最早的生物武器研究基地。此后波顿成为了全世界最权威的生物化学武器研究机构。第二次世界大战期间，波顿基地的研制工作取得了突破性的进展。以下事实可以印证，1942 年英国曾计划并生产 500 万块的混有炭疽杆菌的饲料饼，准备投放到德国居民

病毒家族的历史

点，但该计划取消。1941 年 10 月，英国军情五处在"类人猿"计划中，用肉毒素刺杀了德国纳粹头目赖因哈德·海德里希。但是随着欧洲战场吃紧，英国放弃了巨大的生物武器研发计划，转为和美国、加拿大共同研发生物武器。

日　本

1935 年，在哈尔滨建立细菌战研究所，名称为"关东军防疫给水部队"，代号"731"，附设监狱和实验场。731 部队进行人体的活体试验，遭杀害者达 10 000 人以上。1940 年、1944 年日军在我国浙江、湖南、河南等地空撒布伤寒杆菌、鼠疫杆菌和霍乱弧菌致使霍乱流行，仅感染鼠疫致死者达 700 多人。日本在承德撒布霍乱弧菌导致万余人死亡，而且也导致 1 700 日本士兵死亡。"731"部队在技术上有一定的突破，比如发明了装有活体跳蚤的陶瓷炸弹。此外，日本还在战俘营中用霍乱弧菌进行屠杀。尽管日军屡次应用，生物武器在战争中的效果甚微。战败后，日军大规模的生物武器计划终结。后来美国以包庇战犯为条件，获得了日军的技术成果。而且，美国的生物武器投送技术受到"731"的巨大影响。

前苏联

前苏联曾在斯大林格勒战役中使用土拉弗朗西斯菌，但战果不祥。前苏联在冷战期间，进行了大规模的生物武器研究和储备，这可以从以下事件中得到验证。前苏联在阿富汗战争中被怀疑使用 BW；1979 年 4 月，前苏联的斯维尔德洛夫斯克的生物武器工厂发生一起炭疽芽孢杆菌气溶胶外逸事件，导致上千人死于肺炭疽。1982 年，前苏联援助越南在柬埔寨战争中曾使用过镰刀菌（TS）毒素黄雨。80 年代，前苏联还制定了针对美国的大规模生物武器袭击计划。而且，前苏联生物武器储备全球第一。

其他国家比如澳大利亚、南非在生物武器研究领域都处于领先地位，但未有大规模应用。伊拉克、古巴等后起国家也大力发展生物武器。

但在冷战期间，生物武器的发展却出现了革命性的变化。但只有美国的生物武器政策实现了转变；而且美国生物武器发展最为完善，资料最为公开，生物战实践充分，生物武器决策最为理智，所以下面详细介绍美国的生物武器发展和政策的变化。

美 国

美国在一战后开始发展生物武器，而且也参与针对生化武器的军备谈判，这些都是为了保障自身安全。1925 年 6 月 17 日，美国在日内瓦签署了《关于禁用毒气或类似毒品及细菌方法作战议定书》，但《日内瓦协定》只能在禁止生化武器的首次使用方面发挥作用，在以"防御"为目的的研制和储备不违反这一协定。

20 世纪 30 年代末开始，美国投入大量人力、物力、财力，研究新型的生物武器，其目的是为了"防御德国或日本可能发动的首次生物武器袭击"，属于防御性质。在 1941 年，美国开始和加拿大、英国合作研究和生产炭疽炸弹，并进行肉毒素的野外散布实验。英国此时因为人力和财力的限制，开始与美国合作研制生物武器，并派出生物武器专家常驻美国，指导美国生物武器的研制，1942 年，美国认为其生物武器的研究达到了世界水平。二战后，美国俘获"731"的第一手资料，而且大大增加了生物武器的经费投入。

1952 年初，美军向朝鲜的朔宁、平康等地投放了带有细菌的苍蝇和昆虫，2 月美机对铁原地区的志愿军阵地投掷了大量的昆虫，此后发生了著名的宽甸事件和甘南事件，这两起在中朝边境的平民区投放细菌容器的军事行动被"调查在朝鲜和中国的细菌战事实国际科学委员会"证实。

在 50 年代的朝鲜战争中，美国对朝鲜平壤市、江原道、咸镜北道、黄海道，对中国的抚顺、新民、安东、宽甸、临江多次发动了轰炸，轰炸中使用了生物武器，就对美国空军飞机出动的架次、轰炸后发现的各类昆虫的详细调查研究和细菌学实验鉴定后表明，这些昆虫带有鼠疫、霍乱以及其他传染病菌。详见《调查在朝鲜和中国的细菌战事实国际科学委员会报告书》。对于美国在朝鲜战争中进行细菌战的事实，美国政府迫于压力始终没有承认。

　　1962年1月美军在新竹布洒了1 000加仑的落叶剂，1962年9月3日到10月11日，在金瓯半岛布洒橙剂，美军对越南使用的6种植物杀伤剂给越南造成了严重的影响，不但使越军不能得到粮食，生存变得困难，而且使25 000平方千米的森林遭到破坏，13 000平方千米的农作物被杀死，153.6万人中毒，死亡3 000余人，其中包括平民。

　　1969年，美国基于以下3个理由对生物武器的政策进行了根本性的调整：①由于尼克松主义的收缩战略，美国大力削减军费。②生物武器耗资巨大，但性能不稳定，作战效果差。③美国急于改变政府形象和国家形象，而生物武器的使用已经泛化为道德问题，社会意识形态成本太高。美国生物武器政策改变表现为：①重视化学武器，轻视生物武器；②重技术储备，轻装备部队，在研究中重防御技术和探测技术；③将生物武器泛化为道德问题，制约他国。

　　70年代，鉴于前苏联生物武器的巨量储备，美国相应的提高生物武器军备，但未到达收缩前水平。美国一方面保持对前苏联的威慑平衡，另一方面进行军控谈判，并在舆论上对前苏联进行制约。

　　在里根执政时期，中央情报局获得了前苏联进攻性生物战计划的确切信息，美国大大加强了对生物武器的研究，以对抗前苏联所谓的即将到来的"生化威胁"。但是美国此时的重点是二元化学毒剂；在生物武器领域，美国只是进行生物武器基因化的技术储备。

　　在前苏联解体后，美国对伊拉克的生化武器进行了大规模的核查。并以之借口发动了伊拉克战争，而且对伊朗、利比亚、朝鲜、古巴等国家进行指控；还和前苏联国家展开军控合作。尽管美国在这一时期主要挥舞道德大棒，但美国对生物武器的研究还是比较活跃。这一时期美国提出了生物恐怖袭击、基因武器、人种炸弹等诸多概念。

　　在遭受炭疽袭击后，美国将生物武器的军事用途向国土防御和公共安全领域倾斜。现在美国提出建立全国性的预警系统的概念。

生物战剂的缺点

生物战剂存在许多缺点，所以一般认为生物战剂是战略武器，不是很好的战术武器。使用生物战剂必须考虑气象和气候条件，因为风速和风向影响生物战剂的攻击效果。在第一次世界大战期间，德国和英国在投放毒气时，因为没有考虑天气因素而遭到可怕的自我伤亡，即"蓝方针对蓝方"的伤亡。

另一个重要的因素是生物战剂需要几天才能使人丧失能力或被杀死。生物战剂对部队没有持久的影响。生物战剂在一定时间内有效，在此时间内，如果不穿防护服，无法占领使用过生物战剂进行控制的敌军地区，但等生物战剂失效后可以进入那个地区。

生物战剂有天然的敌人。除了受天气影响外，紫外线能够杀死它们；干燥环境不利于它们生存。还有一个问题是使用生物战剂将受到世界舆论攻击，引发政治问题。今天传媒这么发达，没有哪个领导愿意看到新闻节目中出现敌方老百姓被生物战剂杀伤的悲惨镜头。即使最狂热的恐怖主义者也要三思而后行。

恐怖袭击恩仇录

外行的失败

1995年3月，日本恐怖组织奥姆真理教在东京地铁释放化学毒剂沙林后，警方突击搜查了这个组织的实验室，发现他们正在进行一项原始的生物武器研究计划，研究的病原体有炭疽杆菌、贝氏柯可斯体和肉毒毒素，并在生物武器库中发现肉毒毒素和炭疽芽孢以及装有气溶胶化的喷洒罐。检查中，警方发现他们用炭疽杆菌和肉毒毒素在日本进行过3次不成功的生物攻击的记录。他们曾经对东京市民发动过细菌战争，在一些高楼顶上，施放炭疽芽孢杆菌。所幸的是，当地居民除闻到一股难闻的气味外，没有任何人发生炭疽病。原因是奥姆真理教徒所掌握的炭疽细菌丢失了一个质粒，DNA 结构存在缺陷，因此并不能够伤人，真是不幸中之万幸。

美军非战斗减员

1984 年 11 月 30 日，两艘停泊在大西洋军事基地的美国潜水艇上，忽然发生严重的食物中毒，当时总共有 63 人中毒，其中 50 人死亡。这一事件引起美国政府高度重视。经过调查，发现官兵们是在饮用了从附近商店订购的罐装橘汁引起的。这些橘汁被肉毒毒素所"污染"。肉毒毒素是生物武器"冷血杀手"之一。在事发 24 小时之后，一个恐怖组织声称与此次生物恐怖行动有关。

身材以纳米计的恐怖分子

当恐怖袭击所施放的病毒或细菌侵入人体后，会破坏人的生理功能而发病。目前的大多数细菌或病毒使人发病后，会出现发烧、头痛、全身无力、恶心、上吐下泻、咳嗽、呼吸困难、局部或全身疼痛等症状，如不采取医疗措施，轻者在一段时间后可能会痊愈，重者还会有生命危险。一般恐怖袭击所采用的细菌或病毒引起的大多数传染病，都可通过在人群中传播流行。特别是鼠疫、天花、霍乱和斑疹伤寒等病原体效果非常厉害，有的还可感染当地的动物和昆虫，形成疫源地，造成持续性危害。

肉毒杆菌毒素

肉毒杆菌毒素，是由一种被微生物学家称之为梭状芽孢肉毒杆菌的细菌产生的蛋白质神经毒素，堪称目前世界上毒性最强的物质，甚至比氢化物的毒性还要强 10 000 倍，是沙林毒气毒性的 10 万倍！肉毒杆菌的芽孢耐热性极强，在开水中可以存活 5 ~ 22 小时。在缺氧或无氧状态下，如在加工消毒不良的罐装肉类、海鲜及素菜食品罐头里，严重污染不清洁的伤口里，肉毒杆菌都会大量繁殖增生，同时产生肉毒杆菌毒素。

感染毒素的重症患者，经常因为并发吸入性肺炎和心力衰竭于 2 ~ 3 天内死亡。病死率曾高达 40% ~ 60%。目前，美国的肉毒病例死亡率已降至 6%。

虽然目前已经有了肉毒类毒素疫苗，但是并没有在人群中进行普遍接种。如果恐怖分子采用在空中大面积播撒的肉毒气溶胶攻击，大量的受害病人将对医院的专业医护人员和设备数量构成严重挑战。

使用防护口罩

例如使用那种用过氯乙烯超细纤维制成的防护口罩。这种口罩对气溶胶滤效在99.9％以上。在紧急情况下，如果没有防毒面具或特殊型的防护口罩，也可采用容易得到的材料制造简便的呼吸道防护用具，例如脱脂棉口罩、毛巾口罩、三角巾口罩、棉纱口罩以及防尘口罩等。此外，还需要保护好皮肤，以防有害微生物通过皮肤侵入身体。通常采用的办法有穿隔绝式防毒衣或防疫衣以及戴防护眼镜等。

为了更有效地防止生物武器的危害，在可能发生生物战的时候，可以有针对性地打预防针。对于清除生物战剂来说，可以采用的办法有：

（1）烈火烧煮。

烈火烧煮是消灭生物战剂最彻底的办法之一。

（2）药液浸喷。

药液浸喷是对付生物战剂的主要办法之一。喷洒药液可利用农用喷药机械或飞机等。用做杀灭微生物的浸喷药物主要有漂白粉、三合二、优氯净（二氯异氰尿酸钠）、氯胺、过氧乙酸、福尔马林等。

对于施放的战剂微生物，由于它们可能附在一些物品上，既不能烧，又不能煮，也不能浸、不能喷，对付的办法就是用烟雾熏杀。此外，皂水擦洗和阳光照射以及泥土掩埋等也是可以采用的办法。

清除生物战剂的办法

为了更有效地防止生物武器的危害，在可能发生生物战的时候，可以有针对性地打预防针。对于清除生物战剂来说，可以采用的办法有：

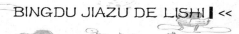

（1）烈火烧煮。烈火烧煮是消灭生物战剂最彻底的办法之一。

（2）药液浸喷。药液浸喷是对付生物战剂的主要办法之一。喷洒药液可利用农用喷药机械或飞机等。用做杀灭微生物的浸喷药物主要有漂白粉、三合二、优氯净（二氯异氰尿酸钠）、氯胺、过氧乙酸、福尔马林等。

对于施放的战剂微生物，由于它们可能附在一些物品上，既不能烧，又不能煮，也不能浸、不能喷，对付的办法就是用烟雾熏杀。此外，皂水擦洗和阳光照射以及泥土掩埋等也是可以采用的办法。

可以毁天灭地的生物武器

生物武器与核武器、化学武器一起被联合国认定为大规模毁灭性武器。它的科研和发展备受世界的关注。生物武器无声无息。不但可应用于前线战场，也可在后方使用。如果说一欧洲作家所描绘的法国生物战图像纯属科学的虚构的话，那么前苏联019部队生物战实验基地的事故则是活生生的事实。前事不忘，后事之师。日本731、石井四郎的恶行，虽已成为历史。但却时刻昭示着人们：警惕生物战！

石井四郎与生物战

在生物战的历史上，有一名臭名昭著、被世界人民永远钉在耻辱柱上的人。他就是日本军国主义细菌战制造者石井四郎。石井四郎是军国主义的怪胎。他在发展日军生物武器方面，为日本侵略者立下了犬马之劳，杀害了无数亚洲人民。全世界都不会忘记这样一个双手沾满鲜血的刽子手。怪胎自有怪才，他在生物武器方面的活动，也是值得人们重视的。

石井四郎1892年6月25日生于千叶县山武郡千代田村大里街，在本地的私塾"池田学校"上学时，便聪敏过人。他能一目十行，过目不忘。他头天学过语文之后，一夜之间便能全部记在心头，第二天就能倒背如流，使老师大为惊讶。私塾出师后，他顺利升入千叶中学。

石井四郎的父亲是当地一个有名望的地主。四郎是其石井家第四个男孩。千代村有个小村落，名叫加茂。这是石井家孩子经常玩耍的地方。这里在他们的童年中留下了深刻印象。石井四郎从千叶中学以优异成绩升入高中，然后又考入京都帝国大学医学部。大学毕业后，他作为军官候生进入陆军，后来又作为军队委派的学员进入帝大研究生院。这使得这个年轻人在军队培养下，选择了军人的职业生涯。

石井四郎天生残忍，性格怪僻，学生时代就曾为第一次世界大战之毒气战拍手叫好。他特别崇拜德国"铁血宰相"俾斯麦、法国拿破仑。有趣的是，他在喜欢这些人物的同时，又非常注重自然科学，特别是医学、生物学。这在疯狂的军国主义分子中是少见的。正是因为他才华出众，赢得帝大校长的宠爱，最后竟招他为自己的东床快婿。

从帝大研究生院毕业后，石井简直是青云直上，1927年完成关于防疫学的学位论文成为医学博士，1931年晋升三等军医主任、少校军衔并成为陆军军医学校教官，同时是陆军兵器总厂教官。石井在这一时期，有两件事对他的未来有深刻的影响：一是欧洲之行，二是"石井式滤水器"。前者可以说是科技指导思想的启迪，后者则是科学硬件之创新。

1930年春天，石井四郎前往欧洲考察。这次考察对他的影响深远，使他从幼小萌生的法西斯发明家梦想，向日军的研究细菌武器现实过渡。石井在欧洲逗留期间，考察了各国，特别是德国的化学工业、化学武器以及细菌武器的研究和进展情况。回国后他在考察报告中说："日本如果还不在这方面赶快付诸实施、进行基础研究的话，就可能错过时机，被甩在时代后面。"正是这种机不可失、时不我待的紧迫感，打动了当局。当局决心按石井之建议，弥补日本无此类设施（细菌武器研究）之缺陷，在陆军军医学校内部建立起以石井军医主任为首的所谓防疫研究室（即日军细菌武器研究室）。

石井在成立研究室之前，就特别重视鼠疫菌的研究。早在军医学校当教官时，他就曾与助手做过许多实验。据说有几个从事细菌研究的助手，皆因受到细菌感染而死亡，其中包括感染上鼠疫而死亡。石井关心重视鼠疫，虽早就如此，但从德国返日后，才从理论上坚定下来。他认为应当把欧洲各国排除在外的鼠疫空白，由日本独自研究进行填补。这种选择在科学上是合理的。欧洲，包括德国在内，之所以要把鼠疫菌排除在武器之外，是因为欧洲对于14世纪鼠疫在本地区的猖獗，记忆犹新，谈虎色变。当时1亿人的欧洲，被鼠疫夺去了1/4的生命。欧洲越是恐惧鼠疫，石井越想对其进行挑战、进行研究。在这一点上，石井有一种独树一帜、标新立异的思想。这在科学研究上值得重视。

谈到石井滤水器，这是石井初出茅庐之作。所谓石井滤水器在石井刽子手生涯中与其杀害成千上万无辜生命的罪恶勾当相比，只是雕虫小技，然而它却是石井进入仕途、引起上层注意的敲门砖。石井滤水器是在石井以防疫研究为课题时的产品，应该说那是真正用于防疫或是有益于国计民生的，但若用在远征军进行侵略则另当别论。野外行军、作战、生活，包括平民百姓，往往任意饮用稻田、河湖池塘之水而生病。为解决这个问题，石井采用硅藻土，将其研碎，加水成型，然后烧成瓦罐状或其他形状，再附加以引水、导流及储水的器具，便成为石井式滤水器。这种滤水器效果良好。它使经过瓦器的细微粒子过滤之后的河水能达到普通水的饮用标准。

当时日本出于作战考虑，迫切需要一种野战净水装置。石井不失时机地带着器材到陆军参谋部去作推销表演。表演开始，石井叫三名士兵与他一起如厕，令一士兵持一烧瓶。三人不解其意，长官意志，唯有服从。片刻，3人站到台上，一人手举烧瓶，向陆军参谋部官兵证实，烧瓶之内的黄色液体确系石井四郎军医主任之尿液。接着石井亲自操纵，使尿液流入石井式滤水器。经过滤后，一股清水流出，只是温度稍高于室温。石井将此过滤之清水一饮而尽，博得大家一阵掌声。石井滤水器从此便闻名遐迩。

石井滤水器最初服役于日军与苏军、蒙军作战的诺门坎布尔德地区。由于地域辽阔，车马行动自如，因而作战时，前线部队配属防疫供水班，每班10人，每班配置一辆装有石井式滤水器的供水车，随部队行动。据说这种大型滤水装置可以保证一个百人连队1周用水。经过过滤的水储存于木制的大型水箱之中。以后随着日本侵华战争的扩大和太平洋战争的爆发，石井式滤水器便活跃在中国的大陆及东南亚的深山密林之中，成为日本远征军官兵在防疫上的有力器材。

前面讲过，这些只是石井的开端。为了进行细菌研究，石井四郎似有尚方宝剑在手。要钱有钱，这一点仅举一例便可说明，参加 731 部队工作的，即使是青年人，也能轻而易举地经常接触到奥林巴斯名牌光学显微镜，而这种显微镜在一个中学却难得有一台让学生使用。要人有人，石井为部队搜罗了一切有医学才能的人入伙 731，这里有教授、医学博士、理学博士，其中不少人是从石井母校中选出来的，即使有些人不愿意从事这种勾当，石井也总能利用种种手段将其网罗进来。最后是上司支持，首先是全力支持石井在细菌战方面的一切设想及科研活动，其次，为石井的种种错误（贪污、嫖妓等）开脱，再次是大力提拔奖励其"工作"成果。有了这些使石井完全沉浸在种种细菌杀人的设计之中。以石井为首的 731 细菌战部队发明创造了不止一种细菌战武器。

石井认为研究最充分的是 50 型开花弹。下面是原 731 部队的证词："1944 年 2 月的一天上午，在哈尔滨平房村装上约 40 多个中国人以后，我们的汽车便驶出哈尔滨市，朝着齐齐哈尔方向开去，在白茫茫的冰天雪地里一直走了 4 个多小时，才到达安达特别实验场。这个试验场并无围墙，周围几百千米荒山野岭空无人烟，试验的人员不可能逃走。安达试验场是用来对被俘的中国人'马路大'进行细菌战活人试验的地方。40 多名'马路大'下车了。他们虽然穿着棉衣，却依然冻得发抖。当长官一声就位令下达之后，士兵们便把他们一个个绑在了十字架形的立柱上。当时立这种十字架柱子并不费事，先是把积雪往旁边一扒拉，把柱子朝中间一立，然后用水一浇就行了。安达的气候，即使白天也在零下二三十摄氏度，浇上的水很快结冰。立起来的十字架柱子相当结实，光用人力是拔不掉的。按照试验要求，每隔 30 米竖一个柱子，40 根十字架形柱子一字排开，长 1 千多米，而在这一排十字架的正中，也就是距两端五六百米的地方，放着一颗鼠疫菌炸弹。所谓鼠疫菌炸弹，就是 731 部队研制的一种开花弹，或称'50 型宇治式'炸弹。它的内部是先用一根根细长的圆铁筋扭出麻花棱，然后再将它切成 1 厘米长的小条条，最后再往这些麻花棱的缝里抹满鼠疫杆菌。这样的处理方法，一是使细菌容易黏附靠挂；二是其不光滑的表面能够披藏更多的细菌。开花弹就是将这些弹心装料，装进一个稍大的弹壳之中，然后利用炸药的力量使它炸开，弹心装料便四散出去并击中人体。当时使用的是一种变性菌。它的毒性比一般鼠疫菌高出 10 倍。开始试验之前，试验场的风袋指示着方向，在离绑着'马路大'的十字架 3 千米远的上风处，二三十名队员通过双筒望远镜观察一切。此时，我们给全体'马路大'戴上铁帽，套上用铁板做的护胸，以便使'马路大'不到被炸弹硬件直接穿透头部和胸部，从而影响炸弹软件的效果。一句话，一切便于细菌试验，让他们顺利染上病菌。"

这种炸弹是石井的得意之作。石井主张，要把细菌战从过去那种利用少数敢死队的间谍谋略战的狭隘方法中解脱出来，把它放在现代战争正面作战的位置上。要做到这一点，就必须使用飞机、大炮，特别是用飞机投掷细菌炸弹。

考虑到这里存在许多问题，石井反复思索，反复研究。首先，投掷飞机低飞，如被击落有可能自受其害，而飞得过高，跳蚤可能会因空气稀薄而死亡。其次，炸弹爆炸产生高温，跳蚤难于承受而死亡，如何既使炸弹爆炸，又使跳蚤不死，这就是上述用"马路大"反复试验的目的。"一天半夜，石井忽然命令值星人员呼喊全体队员集合。大家都以为发生了什么情况，听了集合后的训话才得知，原来是石井队长想出了一种使用陶器制造细菌弹的方法。"一名 731 部队队员作证说。这样有了麻花弹的特殊装料，又有了陶制的特殊弹体，一个完全的石井式特制细菌弹完成了。"50 型宇治式炸弹"设计结构十分精细。炸弹由 3 部分组成：装有定时引信和炸药的弹顶、装有内含麻花钢筋的陶制容器弹体和控制炸弹下落的弹翼。炸弹空重约 25 千克，容量 10 升，弹体自飞机投下后，定时引信在距地面 300 米左右引爆，紧接着分散药起爆。"50 型宇治式炸弹"弹体长 700 毫米，直径 180 毫米。炸弹弹体壁厚 8 毫米。炸弹总重 35 千克。

细菌炸弹大体可分 3 种类型：①装有带菌鼠、蚤的炸弹；②装有细菌溶液并可散布成细菌气溶胶的炸弹；③附着细菌，爆炸后可广泛飞散的榴霰弹型炸弹。

此类细菌武器，不管是哪种装料类型，都要谨慎操作。石井说，陶制的炸弹弹体即使受到极小的震动，也很容易破碎，不能像对待普通枪炮子弹那样粗鲁。但是如果提高陶制容器的壁面强度，又难于达到我们所要求的细菌炸弹"在空中粉碎而不留痕迹"的目的；另外，还会因增加爆炸所需火药量而使细菌及其载体蚤虱等死亡。

在研制中，石井确实为此费尽苦心。许多具体问题的处理都是经过石井独立思考而解决的。所有这些设计特点都使美国、英国等从事这类研究的国家专家惊叹不已。石井所执掌的 731 部队还研制过"100 型宇治式"、"A 型"、"B 型"、"C 型"、"D 型"、"旧宇治式"等细菌弹。在 20 世纪生物武器的发展史上，人们对石井四郎的罪恶活动始终铭记心头。创造性应该发挥，发明应当鼓励，但谁也不愿意再次看到石井式的罪恶发明、兽性创造出现在 21 世纪的文明史上。

生物武器踪迹难觅

2002 年 5 月 1 日，法国巴黎，暮春，气候转暖，天空蔚蓝如洗，街头绿地花坛、树林中一片鸟语花香。据国家气象台预报，气温将逐渐增高，到 5 月中旬，最高可达 20℃。

清晨，马路两侧人行道上，咖啡厅前的空地上，便已经出现了一批身着节日盛装的青年男女。孩子们举着五彩缤纷的气球穿过街道。从凯旋门、埃菲尔铁塔附近不时传出了乐队的演奏声。所有这一切都向市民表明，节日已经来到，整个城市将沉浸在欢乐中。

然而，在巴黎火车站的一个售报亭前，一位 30 岁上下的男人在买了一张《费加罗报》以后，突然感到身体不适，竟一屁股坐在了一个台阶前。

"喂！你怎么啦？"报贩轻声地问道。

"我感到浑身难受，不舒服。我想，我要赶快回家。"

这个男人又坐了一会儿，然后站了起来，蹒跚着离开了报亭，消失在行人之中。"我真闹不清这是怎么回事，"报贩对周围买报的顾客们说，"你看！

今天一大早，这样的人已经出现三个了，甚至还有一位身穿黑上衣的先生曾一头栽倒在地上，别人好不容易才将他搀扶着起来，送往医院。"

"说的是呀！"一位妇人搭了腔，"刚才，我上汽车时，正碰上一位女邻居下车。她出去连东西都没买就空手回来了。她说她身体感到不适。在另一个车站，我甚至看到了一个军士冻得发抖，像是在冬天一样，真奇怪，都春天了，怎么会冻成那个样子，脸都青了，真是少有。"

这类现象从清早起，就在巴黎几个区发生了。一些病人在头天晚上已有感觉，于是便早早地去睡觉了。

各个医院已接待了第一批留院观察的病人，但仍有病人从四面八方来到这里。药房的阿斯匹林成了热门货，人们争相排队购买。更使卫生专家迷惑不解的是，中午以后，从里昂到圣艾蒂安，从马赛到瓦朗西安，乃至所有法国城市，传来了几乎与巴黎情况完全相同的消息，各地都有不少同症状的病人出现。谁也不知道发生了什么事。

5月2日，厂矿企业的缺勤率迅速上升。铁路、航空与纺织部门缺勤率之高为法国历史上罕见。《法兰西晚报》称此为瘟疫；《世界报》通栏标题是《流感席卷全国》；《自由报》更带有讽刺意味地报道："瘟疫示威，禁止工人上班。"5月3日，法国鲁瓦西机场发生的恶性事故尤其使人们不安。一架波音737客机驾驶员在着陆前突然晕倒，飞机一下子失去控制，偏离跑道，冲上公路，造成160人死亡。就在同一天，一些城市发生了骚乱。人们开始加深了思索，法国人固有的幽默消失了。人们感到此事的沉重。保健站、药房和医院受到了各种干扰与冲击。染病的人心情暴躁，未染病的人想不惜任何代价接种疫苗、注射预防针，而有些卫生机构又没有这些药品，因而冲突不断。病人还在增加。社会活动开始受到影响。人们议论着关闭学校、工厂和影剧院等公共场所。一些市民已感到势头不对，正悄悄地收拾行李，想离开闹市去乡村暂避，甚至还有不少人盘算着旅居国外，但又听说欧洲其他城市也受到疾病侵袭。布鲁塞尔感冒流行，洛桑、日内瓦和慕尼黑同样发生大量疾病病例。这些地方正在考虑封锁边界，因为法国是病源国。

3天过去，到了5月4日清晨，法国议长受总统委托，在巴黎爱丽舍宫召开紧急会议。查理·杜利叶这位反对党议员和老政治家，几年前已退休，从没想到会有一天要他行使总统职权。但是，按照法兰西共和国宪法第七条规定，他必须接受这项使命，因为让·路易·道拉特总统病倒了，在总统康复之前，他要主持爱丽舍宫的政务。早晨6点多钟，临时代总统乘车到达爱丽舍宫。门卫因为稍感突然，礼节不甚周到，在连总统、总理都病倒了的时候，没人再计较这些。查理·杜利叶慢慢走近总统的病床。总统私人医生站在一旁，神态严肃而沉重。总统看到议长到来，勉强站起来迎接："政府总理刚睡下。"这位总统低声对其代理人说道，"他发烧40℃，睡着之前还在说胡话。这一切来得太突然了，简直不可思议。"

临时代总统耸了耸肩，然后开始对部长们讲道："先生们。我们的责任是立即召开一个特别会议。这种疾病已蔓延了几天。我们的形势非常严重，共和国现在处于危机时期。"内务部长没有患病。他负责维持公共秩序，加强公民物质和精神文明的保护，保证公共设施和资源设备的安全。在危机中，他有权强制公民服从某些规定。内务部长的作用非常重大。卫生部长必须负责有关全国民众的疾病预防和制订处理措施。

混乱从5月3日就开始了，整个法国都有麻烦。内务部长决定请调军队干预，特别要让宪兵出来行动，这样才能加强全国各类警察的力量。采取这项措施，在众多警察因病缺勤的时候尤其重要。然而，即使军队投入也不见得能控制住局面，因为病人的数字在巴黎已有几十万，而其他城市中也有几万人。到目前，除了鲁瓦西机场的非直接死亡之外，尚未发生死亡事件，但是人们惧怕染病，惧怕死亡。就感冒而言，欧洲人十分清楚，1918年—1919年的流感中，世界死亡人数达2 000万，比第一次世界大战交战国双方死亡人数的总和还多。恐怖导致许多不理智的行为发生。人们像害怕接触鼠疫病人一样，互相躲避。病人被家庭亲人和朋友遗弃，无人照管，任其听从命运摆布。极其自私之人则拿着手枪或匕首，随时准备对接近他们的人行凶。

接近中午时分，政府对报界代表发布简短的疫情公告，许诺在近日内进行疫苗注射，并要求公民保持镇静。然而政府的号召并未奏效。当天夜晚，边境便发生了冲突。比利时、瑞士、德国、意大利和西班牙相继关闭了国境。

病毒家族的历史

在这种暴力、恐怖和紧张的气氛中，谣言比疾病传播得还快：难道这种流感是自然形成的吗？会不会是敌对国家的恐怖集团在搞鬼？这就是现代生物战吧？

谣言和猜测不胫而走，有时居然还能得到一些验证或根据。2 天来，人们纷纷质问国家科学和军事顾问处，要求公布国际背景。因为生物武器不同于其他武器，它完全可以由一个有经验的特遣行动小组，实施放毒恐怖作业以后，迅速离开。当生物战之后果即疫情发生时，他们早已逃之夭夭，远走高飞，躲在一个不惹人注意的地方，幸灾乐祸地静观事态发展。而入侵部队只待瘟疫在敌国军队中蔓延以后才会出动，占领这个国家。如果情况果真如此，那么就要从最坏处着想，因为敌人使用的病毒，肯定是经过选择的。它会使现行一切预防措施都无济于事，使用一种能抵御现行任何杀灭办法的疫菌。

医生和专家彻夜不眠地查阅资料、档案，终于找出一种似乎可以进行注射的疫苗。他们赶快报告卫生部长。到了部长官邸，出来回话的是一个女人，可能是他的夫人或秘书，说不能惊动部长，因为他在黄昏时突然肚子疼得难忍，脊椎骨发麻，躺下一试体温，高烧 40℃……1 小时之后，医生们又驱车来到内务部长家。感谢上帝，他还健在，没有受到疾病袭扰。医生向他汇报了形势。经过简短协商，部长决定采取措施。每个防疫地段、每个地区、每个单位，不管是行政长官，还是卫生厅人员都要执行他的指示，一切可动卫生设施都要交付医生使用，以便严格隔离病人，疾病极易传染，凡是与病人有关接触者，要尽快进行注射。

但是，这样的措施并不容易执行，很难对所有人隔离。医院床位爆满，部分医务人员病倒缺勤，很多病人仍在家中，时刻威胁着亲友和邻居。

法国才找到的疫苗即使有效，也只能满足极少部分人员注射。有些地方有药，但医务人员奇缺，不够分配。况且，对那些精神上近于崩溃、丝毫不能保持镇静的众多居民进行注射，也不会收到良好效果。

政府无奈之下，宣布法国处于紧急状态：白天禁止 3 人以上人员聚会，夜晚严格执行宵禁，病人强制不准外出。5 月 7 日，第一批患者死亡。这一消息突然诱发了一场真正的骚乱。治安警察无力控制局面。法兰西全国一片恐怖。首都巴黎，夜晚有一群歇斯底里的闹事者冲进巴斯德医学院。几名警察无能为力。他们只能勉强保护人员不受捣乱分子伤害。在暴力面前，科研中心和医学院守门人悄然离去。不到半夜，一座楼房起火了……人们整夜忙于救火、抢救危险和贵重物品。邻近的几条街发生了殴斗，有人甚至听到了枪声。

更多的医生病倒了，再也不能为别人注射、服务，自己再注射也没用了。他们和其他人一样处于绝望之中。在这前一天，爱丽舍宫中的代理总统查理·杜利叶第一个注射了疫苗，其他的部长、国务秘书们也进行了同样的预防措施。但是，共和国总统失去了这种机会，病魔严重缠身，他已奄奄一息。在弥留之际，他用无限悲伤的目光，看着他的医生、妻子和几位政府同事。上帝留给总统的时间不多了，几天，也许最多还有几小时。他的妻子和同事都怀着依恋的心情看着他。所有这一切，使这个装饰富丽堂皇的大厅显得格外肃静，而大厅之外的法国正陷入一片混乱和喧嚣之中。

5月8日，巴黎埋葬了瘟疫的第一批死者。如果疫情持续下去，不久可能连进行殡葬事务的人员乃至掘墓人都难以找到。公共运输已经瘫痪，城市的各种供应也已中断，生活开始发生困难。

到了5月9日晚，临时支撑共和国大厦的顶梁柱倾倒，代理总统由于夜以继日的操劳而晕倒。命运对现实进行了尖刻的嘲讽：查理·杜利叶代总统倒下后再也没有醒来。代理人竟然比被代理的总统早几小时死去。5月10日凌晨4时，共和国总统在昏迷中停止了呼吸，当天上午，政府总理也在马提翁地区逝世。事情到了这步田地，宪法再也不发生效力，政权自然落到军人手中。流行感冒的死亡率已高达30%，乐观的专家预计将达到50%，而持悲观论调的专家认为，最终会达到70%。

2个星期后，情况终于真相大白。这年年初，即2002年元旦刚过，有一个十几人的组织在巴黎租赁了一处住房。他们行动诡秘，有时甚至是昼伏夜行。其头目登记注册说是推销医疗器械用品，而下面又有人声称是行医治病。他们住在地下室内，对气溶胶雾状病毒进行处理、分装。一切准备就绪后，这些歹徒便于4月18日开始四出活动。他们在一些大商店、超级市场和建筑

病毒家族的历史

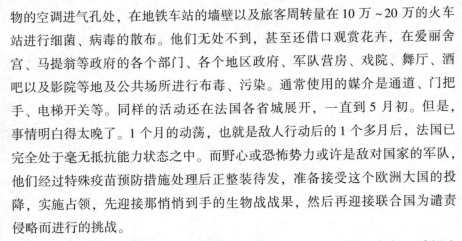

物的空调进气孔处，在地铁车站的墙壁以及旅客周转量在 10 万~20 万的火车站进行细菌、病毒的散布。他们无处不到，甚至还借口观赏花卉，在爱丽舍宫、马提翁等政府的各个部门、各个地区政府、军队营房、戏院、舞厅、酒吧以及影院等地及公共场所进行布毒、污染。通常使用的媒介是通道、门把手、电梯开关等。同样的活动还在法国各省城展开，一直到 5 月初。但是，事情明白得太晚了。1 个月的动荡，也就是敌人行动后的 1 个多月后，法国已完全处于毫无抵抗能力状态之中。而野心或恐怖势力或许是敌对国家的军队，他们经过特殊疫苗预防措施处理后正整装待发，准备接受这个欧洲大国的投降，实施占领，先迎接那悄悄到手的生物战战果，然后再迎接联合国为谴责侵略而进行的挑战。

这就是法国化生战专家笔下的可怕景象，世界上几乎没有任何人希望这类事情发生，但确有一些人在进行此类行动的研究，东京地铁沙林事件就是一例。因此，要对此保持高度警惕。

神秘 019

一辆福特牌大型轿车沿着美国华盛顿近郊的波托马克河畔飞驶，几分钟后便到了美国国防部所在地——五角大楼。车子刚在这座城市般的大型建筑前面停下，便从车内下来两名美军文职人员。他们夹着皮包，穿过长长的通道，来到了主管外军情报的一个办公室。上司模样的人一进门，就让下级把皮包里的图片打开，拼好，自己则走到一个写字台前按了一下电话机旁的电钮……

这是第三次由国防部调阅卫星图片。半年前，美国的一个监视卫星——"守卫者"号初次在亚欧两大洲交界的苏联西伯利亚地区发现情况。接到报告后，国防部要求严密监视、继续扫描这一地区。前两次的卫星图片都因摄影装置和地区大气环境欠佳，而没能得出可读性强的照片。最近一次的照片冲洗得非常清晰，分辨力很高，明显地看出一些异常景象，所以他们立刻赶来汇报。

两三分钟过后，一名上校在两名助手陪同下走了进来："哈罗，今天天气很好，风和日丽。"上校一边寒暄，一边走到会议桌前。"感谢上帝帮助，我们终于获得成功！"一名文职官员拿起教鞭式的指示棒，几个人的目光即随着它转到卫星照片上。"在东经60度，北纬57度，即前苏联乌拉尔山麓斯维尔德洛夫斯克地区，发现一处特别建筑：长长的围墙，密密麻麻的通风管道，类似动物室的一排排小屋以及这一堆堆的各种铁笼，似乎是一个研究单位的表面特征。这片空白地是试验场，但很少有人活动。建筑物以东是一个砖厂，这边是居民楼……"

"有情报说，这是苏军019部队。"另一人插话，"但军人很少外出活动。这个小型建筑是配电站，高压输电线从这里通过。我们怀疑这是一支B字生物战部队，但检查其通信，未截获到明显的证据。""请将这些情况输入计算机储存。"上校指示助理人员记录下来。突然，上校走到对面的地图下，将一个红星标在了前苏联中部斯维尔德洛夫斯克城的位置上："我们对此很感兴趣。然而再高明的医生也不能只从一个症状就确诊疾病，我们还要继续工作，谢谢诸位！"几个人包括两名文职人员很有礼貌地退了出去，上校一个人还在那里琢磨着……半年过去了，卫星依旧从西向东在原轨道上运行着、窥视着，但却没有送回更新的信息。可是在此半年内，美国政府的海外谍报人员却默默地从东向西送来了来自前苏联移民的宝贵情报：1979年4月初的一个夜晚，苏联乌拉尔山东边的斯维尔德洛夫斯克发生了一次爆炸，声音虽然不很大，但却打乱了这个地区的宁静生活。

爆炸后的第二天凌晨，医院门前突然排起长龙。他们当中有工人、集体农庄庄员，也有士兵。这些人披着毯子、穿着大衣，有的连被子也抱了出来。大家都在等着挂号。急诊室内挤满了男女老少。两名夜班护士忙得不可开交，而从患者手中接过来的体温计几乎个个都超过38℃。走廊里也站满了人，仍有病人不断地向医院拥来。街上的气氛也非同往常，平时亲戚朋友熟人见面，总要寒暄一阵，现在只是点一下头，甚至连微笑都露不出来。

历来很少光顾医院的019部队人员，这时也不得不打破深居简出的惯例，三三两两地跑来看病。他们之中，有的甚至连工作服也没来得及换，就直奔医院而来。这些人在街头的出现，给已经笼罩的恐怖气氛又增添了几分神秘的色彩。

　　前往看病的都被留下治疗，床位已经占完，只好腾出居民楼来收容病人。一两天后，医院太平间门前便有了新的车印。自从发生七八名人员死亡之后，穿军装的医务人员便接管了全部医疗工作。军队医务工作者从接诊病人到最后宣布死亡，乃至遗体的火化全部承担了下来，不许地方人员插手。建筑物顶上架起了通讯天线，这个地方与莫斯科的联系突然频繁了起来。

　　最使人吃惊的是，病人被收容住院后，便不准再与亲人见面，不准探视，既不准取回病人的衣物，也不准给他们捎东西。病人就是死了，也不把遗体归还亲属。一名砖厂工人说："我的祖母住院两天后去世。全家人要求按照东正教习俗与死者见上一面，祈祷几句，亲上一亲。这些都没能做到。这种时候，通常都是由军人主持，举行一个简单的葬礼，就匆匆忙忙在士兵监视下火化。即使在葬礼中，死者的脸也总是遮盖着。"

　　从 4 月 5 日开始，1 个月内每天有三四十人死去。死亡的原因都是呼吸衰竭。死者的病状极其相似：剧烈咳嗽，高烧 42℃，耳朵和嘴唇出现紫绀。军人们除了主管医疗救护工作外，特别兵种的人员还在这一地区开展了卫生、洗消消毒活动。在一条道路上，一些士兵还戴上了面具、手套。喀什诺小村的街道重新铺上一层沥青。掘土机神经质地将足球场等一些地方刮去一层地皮。飞得低低的直升机在房顶和树梢上喷洒药剂。像油罐车一样笨重的军用车在各个大小街道喷洒着路面，进行消毒。居民应召进行注射。鸡鸭等家禽虽未发生死亡现象，但也进行注射。至于猫狗等动物则全部斩尽杀绝。一时之下，鸡飞狗叫，不时还从村里传出人们的嚎哭声。

　　村镇苏维埃组织了党团员会议、干部会议，在此之后，还召集居民和儿童讲话。当地报纸《斯维尔德洛夫斯克新闻》发表文章。电台播送卫生讲话稿。所有这些，其内容大体都是解释这些令人不安的现象，解除人们心头的困惑。一个负责人在广播中提请人们："保持镇静，这个地方没有发生什么了不起的大事，不要大惊小怪。在近日的生活中，要特别警惕西伯利亚溃疡病（肺炭疽病）的发展。"而卫生部门的文章则写道："这种疾病只在很小地区发生，而且很快会过去。"在召集的居民大会上，政工人员要求这一地区的苏维埃公民，对外谈话要按统一口径，不要擅自回答问题，更不要在外国人面前表现出不安的情绪。

像这样的情报从移居英国、西德的前苏联人口中大量传出，有的还把材料发表在地下刊物上。当材料搜集到足够分量的时候，美国国防部那名上校又从计算机的储存中，将卫生侦察资料取出。多名专家、学者研究，讨论了这些材料，然后得出一个可怕的结论：前苏联违反日内瓦协定，加紧生物战，即细菌战准备。斯维尔德洛夫斯克事件可能是一起细菌战工厂或仓库的爆炸事故，病菌外泄，形成瘟疫。

美国毫不犹豫地将此事摆到了前苏联驻美大使的桌上，要求作出说明。莫斯科起初愤怒地驳回了这种指控。外交官们在未弄清真相或未得到政府首脑的指令之前像往常一样声明说这纯粹是五角大楼的无端诽谤和虚构。可时过不久，即1980年3月，华盛顿又提出进一步质问时，前苏联政府只好承认在斯城地区确曾有过一种肺炭疽病流行。至于原因，那是居民不慎食用了变质肉类引起的。外交官紧接着辩解说，这样的事情并非只发生在前苏联。前苏联政府提出了"肺炭疽病"这个人们并不熟悉的词，这就引起人们进一步探索"肺炭疽病"的病情、病因和地区历史及现状等十分复杂的问题。

生物战发展史

进行生物战的手段，时常与化学战不同。前面描述的生物战后果表明，敌人是在不放一枪一炮、兵不血刃的情况下取胜的。联合国在有关生物战的报告中指出，近代世界要进行生物战可能有以下几种途径：①与化学战一样，使用炸药进行爆炸，将生物战剂，即细菌或病毒分散开来。这种方法倒是干脆，但却存在诸多缺点，即难以准确对准目标、炸药的破坏性冲击和爆炸产生的热量使很大一部分菌剂损失而不能发挥作用。②用喷洒器喷洒，喷出可悬浮于大气中的菌剂。③用飞机布撒干剂或制成细菌战弹。此外，还存在着专门适用于秘密战和恐怖行动的生物战手段，它们与特务、间谍之谋杀、纵火、投毒等行径相似，是新时期值得人们重视的罪恶行径。

生物战的图景之一，就是前述那些神秘的带手提包的放毒者，对水库、通风系统、车站、商店等场所进行布毒污染。这种行动在战争中，如在核袭击后的敌国卫生机构混乱中或紧急动员时，就会变得更为有效。一旦生物战付诸实施，其造成的损失将无法估计。苏联专家说，若将核武器、化学武器与生物武器三者进行比较，生物武器对人员所造成的伤亡损失，将是最大的。

生物战古已有之，只是其方法更加天然，几乎没有什么科技含量，但也体现了人类的智慧。据我国史书记载，公元前 483 年，晋侯伐秦时，就有"秦人毒泾上流，师人多死"的毒杀对方的作战战例。这是对世人的战争启迪，当然会有后续的战例。真正列入生物战史册的是法卡要塞之役。1374 年，鞑靼人围攻黑海附近热那亚地区的法卡要塞时，因守卫者顽强抵抗，久攻而不下。于是便有人提出建议，将自己队伍中死于鼠疫的人的尸体投到敌人要塞之中。守塞之人不知其中是计，放松警惕，要塞内果然暴发了鼠疫，疾病迅速蔓延，人员大量死亡，被迫弃城而逃，致使鞑靼人兵不血刃地得到胜利。

几百年后，又一场生物战发生。这场生物战虽然也是利用天然病菌，但是已带有人工痕迹，在某些地方加入了人的智能操作，使用了传播病菌的媒体。1763 年，英国殖民主义者军队入侵加拿大，遭到当地印第安人的顽强抵抗，进攻连连受挫。在此情况下，英国的一位将军杰佛里·阿莫斯德便给英军上校亨利·博克特指挥官写了一封信，信中建议："我们必须用各种计策去征服他们，不能只是强攻，可否设法将某种病菌带到印第安人之中？"博克特照此提示，便遣人将医院中天花病人用过的几条花色鲜艳的毛毯和几块绣满美丽图案的手帕收集起来，以派人和印第安人谈判为名，用"化干戈为玉帛"的方式，将这些东西带去以示亲善。朴实的印第安人首领不知是计，便欣然而隆重地接待了使者，接受了礼物。几个月后，几个首领便卧床不起，发高烧、头痛、呕吐，皮肤出现大量皮疹和脓包，接着便很快死去。随后，又有很多人得了天花病倒下，形成了一次瘟疫。这便是历史上又一次有名的细菌战。

20 世纪以来，科学进一步发展，生物学、微生物学和武器生产技术的发展，为研制生物武器提供了条件。细菌战、生物战也随着科技发展的足迹发展起来。生物武器的研究、发展和实战大致可分下述 3 个阶段：

（1）从 20 世纪初到第一次世界大战结束，主要研制国家为德国，研制的战剂仅仅是人、畜共患的致病细菌，如炭疽杆菌、马鼻疽杆菌和鼠疫杆菌等。其生产规模小，施放方法简单，主要由间谍用细菌培养物秘密污染水源、食物和饲料。1917 年，德国间谍曾在美索不达米亚用马鼻疽杆菌感染协约国的几千头骡马。

（2）20 世纪 30—70 年代，这是生物武器空前发展的时期。其突出表现是机构增多，经费增加，专家从业人员剧增，科技含量特别是高科技含量空前增多。这一时期的特点是发展的战剂增多，生产规模扩大，主要施放方式是用飞机施放带有战剂的媒介物，扩大了攻击范围。1936 年，日本侵略军在中国东北哈尔滨等地区建立了大规模研究、试验和生产生物武器的基地，其代号为 731 部队。该部队司令官为日本军官中将石井四郎，基地有工作人员约 3 000 人。基地编有众多医学专家和部队文职人员。基地设有细菌研究部、实战研究部、滤水器制造部和细菌生产部等。不少专家直接深入课题研究班内。这些班似乎既像研究室，又像专题组。班的名称各异，内容不同，它们是昆虫班、病毒班、冻伤班、鼠疫班、赤痢班、炭疽班、霍乱班、病理班、血清班、伤寒班、结核班、药理班、立克次氏体班、跳蚤班等。这些课题班针对中国气候、土壤、疫情等具体情况，以中国人或前苏联人、朝鲜人为实验对象，进行以中国为目标的细菌战研究活动。基地建成后，细菌战剂每月生产能力为鼠疫杆菌 300 千克、霍乱弧菌 1 吨，每月能生产 45 千克的跳蚤并研制出包括石井式细菌炸弹在内的 8 种细菌施放装置。1940 年 7 月，日军无视国际公约，在中国浙江宁波地区空投伤寒杆菌 70 千克、霍乱弧菌 50 千克和带鼠疫杆菌跳蚤 5 千克；1941 年夏季、1942 年夏季又分别在湖南常德，浙江金华、玉山一带投放细菌，污染土地、水源及食物，造成上述地区近千人死亡。在这期间，英国自 1934 年开始从事对生物武器的防护研究，1939 年决定从防护性研究过渡到进攻性生物武器研究。1941 年—1942 年，英国曾在苏格兰的格林亚德荒岛上进行炭疽杆菌芽孢炸弹的威力试验，受试羊群大部得病而死。多年来，该岛仍被炭疽病威胁。德国于 1943 年在波森建立生物武器研究所，主要研究如何利用飞机喷洒细菌气溶胶的方法、装置。研究的菌剂有鼠疫、霍乱、斑疹、伤寒、立克次氏体和黄热病病毒等。

美国也是细菌战大国。美国国防部 1941 年 11 月成立了生物战委员会，1943 年 4 月在马里兰州的迪特里克堡建立了生物战研究机构，该机构占地 5.2 平方千米，有 2 500 名雇员和 500 名研究人员，1944 年在犹他州达格威试验基地建立生物武器野外试验场。此外，埃基伍德兵工厂和松树崖兵工厂也承担某些研制任务。美国在生物武器研究方面，有 2 个重要的成就，在当时轰动世界，并被认为是生物武器技术的 2 大突破，即①完成了一系列空气生物学的实验研究，即"气雾罐计划"，对生物战剂在气体中悬浮的存活情况、动物染病机理和感染剂量进行了深入、细致的研究，奠定了生物气溶胶云雾作为攻击方式的基础。此乃一切细菌、生物或器材，特别是炸弹、布洒器方面的设计、使用之基本理论。②研制成功大量冷冻燥粉状生物战剂，提高了生物战剂的稳定性和储存时间。这一点作为储存、运输和使用有重大意义。生物战剂与化学战剂之间的重大区别就在于前者是活性生命物质。美国军队研究的战剂有炭疽杆菌、马鼻疽杆菌、布氏杆菌、类鼻疽杆菌、鼠疫杆菌、鸟疫衣原体等。第二次世界大战之后，最大的细菌生物战行动属美国 50 年代的细菌战活动。50 年代的朝鲜战争中，美国曾在朝鲜北部和中国东北地区猖狂地进行细菌战。细菌战的主要方式是用飞机撒布带菌昆虫、动物及其他杂物。经国际调查证明，它使用的生物战剂有鼠疫杆菌、霍乱弧菌及炭疽杆菌等 10 余种，进犯次数达 3 000 次。60 年代后期，美国政府宣布放弃使用生物武器。1972 年 4 月 10 日，美英苏三国签署了《禁止细菌（生物）及毒素武器的发展、生产及储存以及销毁此类武器公约》。美国等国家的生物武器研制表面上停止了。

前苏联在这个时期也进行过细菌生物战研究活动。据外电报道，由微生物细菌携带者蚊蝇蚤虱转向鸟类，特别是定期迁徙的候鸟是苏联生物战之一大发明，引起人们的重视。另外，前苏联在生物战研制活动中，曾发生前面所叙述过的斯维尔德洛夫斯克爆炸事件，受到世界的强烈谴责，此后活动便大大收敛。

（3）开始于 70 年代中期。由于生物技术迅速发展特别是脱氧核糖核酸，即生物的遗传物质基因的发现和重组技术的广泛应用，为生物战的发展展现了极为广阔的前景，因为它不但有利于生物战剂的大量生产，而且还为研制、创造和生产特定的适合于生物战要求的新战剂创造了条件。生物技术的飞速发展，已将传统的生物武器带进了"基因武器"新阶段，从而再次引起一些国家对生物武器的重视。尽管已有禁止生物战公约在世，尽管生物武器已被带入"基因武器"范畴，我们仍应对生物战战剂有一基本了解。

生物战，原名细菌战，其所以称生物战，是因为现在使用的战剂不光是原有的那些球菌、杆菌、螺旋体菌，而且还包括不能称之为细菌的立克次氏体、病毒、毒素、衣原体和真菌等。细菌是单细胞生物。在显微镜没发明以前，人们根本不知道它的存在，而把病、死看成是神鬼作怪。有了显微镜，人们发现了细菌，才从病人身上找到致病原因。立克次氏体是一种比细菌还要小的东西，其体积在细菌和病毒之间，在显微镜下呈球形或短杆形。这种微生物低温冻不死，但惧怕高温，可用其作为生物战剂传播 Q 热和斑疹伤寒等。病毒小到即使在普通显微镜下也不能看到。它没有细胞结构，只能在一定活细胞内寄存。病毒分动物病毒、植物病毒和细菌病毒，可成为生物战剂的有多种动物病毒，如黄热病病毒及各种脑炎病毒等。毒素是在某些致病性细菌在其生长繁殖过程中合成出的有毒害作用的物质，如肉毒杆菌毒素、葡萄球菌肠毒素等。

最后还有衣原体及真菌，它们也可成为生物战剂。它们中有粗球孢子菌以及鸟疫衣原体等。所有这些战剂物质，现都可以人为地在实验室大量培养，并通过各种途径和方法，增加它们的毒性，提高它们的传染能力，然后借助各种载体（包括昆虫、鸟兽、器材武器乃至人员）进行分散、传播，最终使人致病，形成瘟疫，从而达到使用者的政治目的。

然而不管使用哪种生物战剂载体和哪种生物战剂，总是要有一定途径，才能达到使人致病的目的。致病的细菌，有的从空气中来，如通过带菌者咳嗽、喷嚏排出的痰液和唾沫等，使病人成为二次媒介，造成天花、流感、脑膜炎等蔓延起来。有的细菌出自粪便，由苍蝇的行迹来决定，通过食物、饮水，从口而入，到达胃肠内作病，如霍乱、伤寒、痢疾等。有的细菌潜伏在灰尘、泥土、兽毛和兽皮上，通过人的血液孔进入人体，专门从皮肤伤口潜入作病，如炭疽杆菌所致的炭疽病等。还有的躲在蚊子、跳蚤、虱子身上，通过它们咬人时，乘机进入人体，引起鼠疫、疟疾、黄热病、立克次氏病等。当然，人类在发现生物战剂、研究生物战剂和发展生物战剂的同时，也在研究生物战剂的防护、预防和治病。我们作为公民则应锻炼身体，增强体质，讲求卫生、减少疾病。强壮的体质，讲求卫生的习惯，高度的组织性、纪律性和警惕性，不但是国防的需要，也是国家建设有中国特色的社会主义社会的需要。

对付生物战的办法

对付生物战的主要办法是：采取各种侦察手段，了解敌人研制使用生物武器的动向，积极做好各方面的准备；以积极打击的手段，摧毁敌人发射生物武器的阵地和施放工具；采取各种防护措施，预防人、畜、农作物受染和发病，迅速消除其后果。生物战给对方造成危害程度的大小，取决于对方的防护准备、防护措施和卫生条件。

因为生物战的危害是巨大的，所以世界各国大多都非常慎重，1971年12月联合国大会通过了《禁止细菌（生物）和毒素武器的发展、生产及贮存以及销毁这类武器的公约》，并于1972年在苏、美、英三国首都开放签署。但一些国家违犯公约原则，仍在继续研制生物武器，并装备部队。因此，许多国家军队都重视反生物战的训练，强调在平时做好反生物战的准备。

那些病毒捕手
NAXIE BINGDU BUSHOU

　　病毒学是以病毒作为研究对象，通过病毒学与分子生物学之间的相互渗透与融合而形成的一门新兴学科。具体来讲，它是一门在充分了解病毒的一般形态和结构特征基础上，研究病毒基因组的结构与功能，探寻病毒基因组复制、基因表达及其调控机制，从而揭示病毒感染、致病的分子本质，为病毒基因工程疫苗和抗病毒药物的研制以及病毒病的诊断、预防和治疗提供理论基础及其依据的科学。病毒学家是致力于病毒学研究的科学家。

　　人类的历史即其疾病的历史，疾病或传染病大流行伴随着人类文明进程而来，并对人类文明产生深刻和全面的影响。已控制的许多传染病卷土重来。一系列新传染病相继被发现，已使人们认识到，尽管已经处于上风，但人类同传染病的斗争将永无止境。这样一群科学家在引领着人们与病毒斗争着……

病毒家族的历史

微生物学之父——巴斯德

路易斯·巴斯德（1821—1895）是法国微生物学家、化学家，近代微生物学的奠基人。像牛顿开辟出经典力学一样，巴斯德开辟了微生物领域，创立了一整套独特的微生物学基本研究方法，开始用"实践－理论－实践"的方法开始研究，他也是一位科学巨人。

巴斯德一生进行了多项探索性的研究，取得了重大成果，是 19 世纪最有成就的科学家之一。他用一生的精力证明了 3 个科学问题：①每一种发酵作用都是由于一种微菌的发展。这位法国化学家发现用加热的方法可以杀灭那些让啤酒变苦的恼人的微生物。很快，"巴

路易斯·巴斯德

氏杀菌法"便应用在各种食物和饮料上。②每一种传染病都是一种微菌在生物体内的发展。由于发现并根除了一种侵害蚕卵的细菌，巴斯德拯救了法国的丝绸工业。③传染病的微菌，在特殊的培养之下可以减轻毒力，使它们从病菌变成防病的疫苗。他意识到许多疾病均由微生物引起，于是建立起了细菌理论。

路易斯·巴斯德被世人称颂为"进入科学王国的最完美无缺的人"，他不仅是个理论上的天才，还是个善于解决实际问题的人。他于 1843 年发表的两篇论文——"双晶现象研究"和"结晶形态"，开创了对物质光学性质的研究。1856～1860 年，他提出了以微生物代谢活动为基础的发酵本质新理论，1857 年发表的"关于乳酸发酵的记录"是微生物学界公认的经典论文。1880

病毒家族的历史

年后又成功地研制出鸡霍乱疫苗、狂犬病疫苗等多种疫苗，其理论和免疫法引起了医学实践的重大变革。此外，巴斯德的工作还成功地挽救了法国处于困境中的酿酒业、养蚕业和畜牧业。

巴斯德被认为是医学史上最重要的杰出人物。巴斯德的贡献涉及几个学科，但他的声誉则集中在保卫、支持病菌论及发展疫苗接种以防疾病方面。

巴斯德并不是病菌的最早发现者。在他之前已有基鲁拉、包亨利等人提出过类似的假想。但是，巴斯德不仅热情勇敢地提出关于病菌的理论，而且通过大量实验，证明了他的理论的正确性，令科学界信服，这是他的主要贡献。

显然病因在于细菌，那么显而易见，只有防止细菌进入人体才能避免得病。因此，巴斯德强调医生要使用消毒法。向世界提出在手术中使用消毒法的约瑟夫·辛斯特便是受了巴斯德的影响。有毒细菌是通过食物、饮料进入人体的。巴斯德发展了在饮料中杀菌的方法，后称之为巴氏消毒法（加热灭菌）。

巴斯特50岁时将注意力集中到恶性痈疽上。那是一种危害牲畜及其他动物，包括人在内的传染病。巴斯德证明其病因在于一种特殊细菌。他使用减毒的恶性痈疽杆状菌为牲口注射。

1881年，巴斯德改进了减轻病原微生物毒力的方法，他观察到患过某种传染病并得到痊愈的动物，以后对该病有免疫力。据此用减毒的炭疽、鸡霍乱病原菌分别免疫绵羊和鸡，获得成功。这个方法大大激发了科学家的热情。人们从此知道利用这种方法可以免除许多传染病。

1882年，巴斯德被选为法兰西学院院士，同年开始研究狂犬病，证明病原体存在于患兽唾液及神经系统中，并制成病毒活疫苗，成功地帮助人获得了该病的免疫力。按照巴斯德免疫法，医学科学家们创造了防止若干种危险病的疫苗，成功地免除了斑疹伤寒、小儿麻痹等疾病的威胁。

说到狂犬病，人们自然会想到巴斯德那段脍炙人口的故事。在细菌学说占统治地位的年代，巴斯德并不知道狂犬病是一种病毒病，但从科学实践中他知道有侵染性的物质经过反复传代和干燥，会减少其毒性。他将含有病原的狂犬病的延髓提取液多次注射兔子后，再将这些减毒的液体注射狗，以后

127

狗就能抵抗正常强度的狂犬病毒的侵染。1885年人们把一个被疯狗咬得很厉害的9岁男孩送到巴斯德那里请求抢救，巴斯德犹豫了一会儿后，就给这个孩子注射了毒性减到很低的上述提取液，然后再逐渐用毒性较强的提取液注射。巴斯德的想法是希望在狂犬病的潜伏期过去之前，使他产生抵抗力。结果巴斯德成功了，孩子得救了。在1886年还救活了另一位在抢救被疯狗袭击的同伴时被严重咬伤的15岁牧童朱皮叶，现在记述着少年的见义勇为和巴斯德丰功伟绩的雕塑就坐落在巴黎巴斯德研究所外。巴斯德在1889年发明了狂犬病疫苗，他还指出这种病原物是某种可以通过细菌滤器的"过滤性的超微生物"。

巴斯德本人最为著名的成就是发展了一项对人进行预防接种的技术。这项技术可使人抵御可怕的狂犬病。其他科学家应用巴斯德的基本思想先后发展出抵御许多种严重疾病的疫苗，如预防斑疹伤寒和脊髓灰质炎等疾病。

正是他做了比别人多得多的实验，令人信服地说明了微生物的产生过程。巴斯德还发现了厌氧生活现象，也就是说某些微生物可以在缺少空气或氧气的环境中生存。巴斯德对蚕病的研究具有极大的经济价值。他还发展了一种用于抵御鸡霍乱的疫苗。

人们常将巴斯德同英国医生爱德华·琴纳比较。琴纳发展了一种抵御天花的疫苗，而巴斯德的方法可以并已经应用于防治很多种疾病。

1854年9月，法国教育部委任巴斯德为里尔工学院院长兼化学系主任，在那里，他对酒精工业发生了兴趣，而制作酒精的一道重要工序就是发酵。当时里尔一家酒精制造工厂遇到技术问题，请求巴斯德帮助研究发酵过程，巴斯德深入工厂考察，把各种甜菜根汁和发酵中的液体带回实验室观察。经过多次实验，他发现，发酵液里有一种比酵母菌小得多的球状小体，它长大后就是酵母菌。

过了不久，在菌体上长出芽体，芽体长大后脱落，又成为新的球状小体，在这循环不断的过程中，甜菜根汁就"发酵"了。巴斯德继续研究，弄清发酵时所产生的酒精和二氧化碳气体都是酵母使糖分解得来的。这个过程即使在没有氧的条件下也能发生，他认为发酵就是酵母的无氧呼吸并控制它们的

生活条件，这是酿酒的关键环节。

1857 年路易斯·巴斯德年发表的"关于乳酸发酵的记录"是微生物学界公认的经典论文。

1880 年路易斯·巴斯德成功地研制出鸡霍乱疫苗、狂犬病疫苗等多种疫苗，其理论和免疫法引起了医学实践的重大变革。

微生物学的奠基人

巴斯德弄清了发酵的奥秘，从此开始，巴斯德终于成为一位伟大的微生物学家，成了微生物学的奠基人。

当时，法国的啤酒业在欧洲是很有名的，但啤酒常常会变酸，整桶的芳香可口啤酒，变成了酸得让人咧嘴的黏液，只得倒掉，这使酒商叫苦不迭，有的甚至因此而破产。1865 年，里尔一家酿酒厂厂主请求巴斯德帮助医治啤酒的病，看看能否加进一种化学药品来阻止啤酒变酸。

巴斯德答应研究这个问题，他在显微镜下观察，发现未变质的陈年葡萄酒和啤酒，其液体中有一种圆球状的酵母细胞，当葡萄酒和啤酒变酸后，酒液里有一根根细棍似的乳酸杆菌，就是这种"坏蛋"在营养丰富的啤酒里繁殖，使啤酒"生病"。他把封闭的酒瓶放在铁丝篮子里，泡在水里加热到不同的温度，试图既杀死了乳酸杆菌，而又不把啤酒煮坏，经过反复多次的试验，他终于找到了一个简便有效的方法：只要把酒放在五六十摄氏度的环境里，保持半小时，就可杀死酒里的乳酸杆菌，这就是著名的"巴氏消毒法"，这个方法至今仍在使用，市场上出售的消毒牛奶就是用这种办法消毒的。

当时，啤酒厂厂主不相信巴斯德的这种办法，巴斯德不急不恼，他对一些样品加热，另一些不加热，告诉厂主耐心地待上几个月，结果呢，经过加热的样品打开后酒味醇正，而没有加热的已经酸了。

巴斯德成了法国传奇般的人物时，法国南部的养蚕业正面临一场危机，一种病疫造成蚕的大量死亡，使南方的丝绸工业遭到严重打击，人们又向巴斯德求援，巴斯德的老师杜马也鼓励他挑起这副担子。

"但是我从来没有和蚕打过交道啊！"巴斯德没有把握地说。

"这岂不是更妙吗？"老师杜马鼓励他说。

巴斯德想到法国每年因蚕病要损失 1 亿法郎时，他不再犹豫了，作为一名科学家，有责任拯救濒于毁灭的法国蚕业。巴斯德接受了农业部长的委派，于 1865 年只身前往法国南部的蚕业灾区阿莱。

蚕得的是一种神秘的怪病，让人看了心里非常不舒服，一只只病蚕常常抬着头，伸出有脚像猫爪似的要抓人；蚕身上长满棕黑的斑点，就像黏了一身胡椒粉。多数人称这种病为"胡椒病"，得了病的蚕，有的孵化出来不久就死了，有的挣扎着活到第 3 龄、4 龄后也挺不住了，最终难逃一死。极少数的蚕结成茧子，可钻出来的蚕蛾却残缺不全，它们的后代也是病蚕。当地的养蚕人想尽了一切办法，仍然治不好蚕病。

巴斯德用显微镜观察，发现一种很小的、椭圆形的棕色微粒，是它感染丝蚕以及饲养丝蚕的桑叶，巴斯德强调所有被感染的蚕及污染了的食物必须毁掉，必须用健康的丝蚕从头做起。为了证明"胡椒病"的传染性，他把桑叶刷上这种致病的微粒，健康的蚕吃了，立刻染上病。他还指出，放在蚕架上面格子里的蚕的病原体，可通过落下的蚕粪传染给下面格子里的蚕。

巴斯德还发现蚕的另一种疾病——肠管病。造成这种蚕病的细菌，寄生在蚕的肠管里，它使整条蚕发黑而死，尸体像气囊一样软，很容易腐烂。

巴斯德告诉人们消灭蚕病的方法很简单，通过检查淘汰病蛾，遏止病害的蔓延，不用病蛾的卵来孵蚕。这个办法挽救了法国的养蚕业。

巴斯德一生发明很多，对生物科学和医学作出了杰出的贡献。一次偶然的机遇，使他找到了制服鸡霍乱的灵丹妙药。

鸡霍乱是一种传播迅速的瘟疫，来势异常凶猛，家庭饲养的鸡一旦染上鸡霍乱就会成批死亡。有时，人们看到有的鸡刚才还在四处觅食，过一会儿却忽然两腿发抖，随后便倒了下去，挣扎几下便一命呜呼了。有的农妇晚上在关鸡窝时，还在庆幸地看到鸡都活蹦乱跳的，但第二天就都死光了，横七竖八地躺在窝里。1880 年，法国农村流行着可怕的鸡霍乱，巴斯德决心制服这种瘟疫。

为了弄清鸡霍乱的病因，巴斯德从培养纯粹的鸡霍乱细菌作为突破口，他试用了好多种培养液，他断定鸡肠是鸡霍乱病菌最适合的繁殖环境，传染的媒介则是鸡的粪便。他经过多次实验，但都失败了。茫然无序中，他只得放松一下，停下研究工作，休息了一段时间。

休息几天以后，巴斯德又开始了研究实验，这时，他发现"新大陆"了。他用陈旧培养液给鸡接种，鸡却未受感染，好像这种霍乱菌对鸡失去了作用。这是怎么回事呢？巴斯德顺藤摸瓜，终于发现，因空气中氧气的作用，霍乱菌的毒性便日渐减弱。于是，他把几天的、1个月的、2个月和3个月的菌液，分别注入健康的鸡体，做一组对比实验，鸡的死亡率分别是100%、80%、50%和10%。如果用更久的菌液注射，鸡虽然也得病，但却不会死亡。事情并未到此结束，他另用新鲜菌液给同一批鸡再次接种，使他惊奇的是，几乎所有接种过陈旧菌液的鸡都安然无恙，而未接种过陈旧菌液的鸡却死得净光。实践证明，凡是注射过低毒性的菌液的鸡，再给它注入毒性足以致死的鸡霍乱菌，它也具有抵抗力，病势轻微，甚至毫无影响。

预防鸡霍乱的方法找到了！巴斯德从这一偶然的发现中，导致了他对减弱病免疫法原理的确认，使他产生从事制造抗炭疽的疫苗的设想。虽然在他之前英国医生琴纳发明牛痘接种法，但有意识地培养制造成功免疫疫苗，并广泛应用于预防多种疾病，巴斯德堪称第一人。

"意志、工作、成功，是人生的三大要素。意志将为你打开事业的大门；工作是入室的路径；这条路径的尽头，有个成功来庆贺你努力的结果……只要有坚强的意志，努力的工作，必定有成功的那一天。"这是巴斯德关于成功的一段至理名言。

第一个胜利

巴斯德是一位法国制革工人、拿破仑军队的退伍军人的儿子，小时候家境贫困。巴斯德勤奋好学，再加上聪明伶俐，颇具艺术天分，很有可能成为一名画家。然而，他19岁时放弃绘画，而一心投入到科学事业中。

巴斯德最早是从事化学方面的研究工作——关于酒石酸的光学性质。他通过实验制备了19种不同的酒石酸盐和外消旋酒石酸盐的晶体。在显微镜下检查时，他发现，这些晶体能用机械的方法分作 2 类——左旋和右旋晶体，它们具有旋光数值相同，但旋光方向相反的偏振光特性，从而揭示了酒石酸的"同分异构现象"。

巴斯德在化学领域的杰出成就，受到人们的重视并获得了荣誉。然而，他并未将自己的视线仅仅停留在化学领域，而是将实验化学的原理、技能等广泛地应用于发酵问题，从而开辟了人类科学历史的新纪元。

不朽的功绩

新鲜的食品在空气中放久了，会腐败变质，并发现其中有微生物。这些微生物从何而来？当时有一种观点认为，微生物是来自食品和溶液中的无生命物质，是自然发生的——自然发生说。巴斯德通过自己精巧的实验给持有这种观点的人以有力的反驳。

巴斯德设计了一个鹅颈瓶（曲颈瓶），现称巴斯德烧瓶。烧瓶有一个弯曲的长管与外界空气相通。瓶内的溶液加热至沸点，冷却后，空气可以重新进入，但因为有向下弯曲的长管，空气中的尘埃和微生物不能与溶液接触，使溶液保持无菌状态，溶液可以较长时间不腐败。如果瓶颈破裂，溶液就会很快腐败变质，并有大量的微生物出现。实验得到了令人信服的结论：腐败物质中的微生物是来自空气中的微生物，鹅颈烧瓶实验也导致了巴斯德创造了一种有效的灭菌方法——巴氏灭菌法。

巴氏灭菌法又称低温灭菌法，先将要求灭菌的物质加热到 65℃（30 分钟）或 72℃（15 分钟），随后迅速冷却到 10℃ 以下。这样既不破坏营养成分，又能杀死细菌的营养体，巴斯德发明的这种方法解决了酒质变酸的问题，拯救了法国酿酒业。现代的食品工业多采取间歇低温灭菌法进行灭菌。可见，巴斯德的功绩有多大。

巴斯德从研究蚕病开始，逐步解开了较高等动物疾病之谜，即由病菌引起的疾病，最后征服了长期威胁人类的狂犬病。

1865 年—1870 年，他把全部的精力都集中到蚕病的研究上。这个研究牵涉到 2 种病原微生物。在搞清蚕病起因后，巴斯德提出了合理可行的防治措施，从而使法国的丝绸工业摆脱了困境。

　　而后，巴斯德又专心研究动物的炭疽病，他成功地从患有炭疽病的动物（如牛、羊）的血液中分离出一种病菌并进行纯化，证实就是这种病菌使动物感染致病而亡。这就是动物感染疾病的病菌说观点。但是，当时的内科医生和兽医们却普遍认为疾病是在动物体内产生的，由疾病产生了某种有毒物质，然后，也许是，由这些有毒物变成了微生物的错误观点。后来巴斯德又研究妇科疾病产褥热。他认为这种病是由于护理和医务人员把已感染此病的妇女身上的微生物带到健康妇女身上，而使她们得病。

　　由此可见，巴斯德虽不是一名医生，但他对医学的贡献也是无法估量的，他为医学生物学奠定了基础。

　　巴斯德除了研究炭疽病外，还研究了鸡的霍乱病。这种病使鸡群的死亡率高达90%以上。巴斯德经过多次尝试后发现，这种致病的微生物能在鸡软骨做成的培养基上很好地生长。1小滴新鲜的培养物能迅速杀死1只鸡。

　　巴斯德在研究此病过程中最值得庆幸的是：当某鸡用老的、不新鲜的培养物接种时，它们几乎都只有些轻微的症状，并很快恢复健康。再用新鲜的、有毒力的培养物接种时，这些鸡对这种病的抵抗力非常强，这样巴斯德就使自己的实验用鸡产生了对鸡霍乱病的获得性免疫能力了。这可以同琴纳使用牛痘对人的天花病产生免疫能力相媲美。

　　巴斯德在成功地研究出防止鸡霍乱病的方法后，又着手研究对付炭疽病的方法。他把炭疽病的病菌培养在温度为42～43℃的鸡汤中。这样，此病菌不形成孢子，从而选择出没有毒性的菌株作为疫苗进行接种。

　　巴斯德是世界上最早成功研制出炭疽病减毒活性疫苗的人，从而使畜牧业免受灭顶之灾。

光辉的顶点

　　巴斯德晚年对狂犬病疫苗的研究是他事业的光辉顶点。

　　狂犬病虽不是一种常见病，但当时的死亡率为100%。1881年，巴斯德组成一个三人小组开始研制狂犬病疫苗。在寻找病原体的过程中，虽然经历

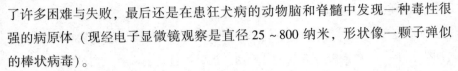

了许多困难与失败，最后还是在患狂犬病的动物脑和脊髓中发现一种毒性很强的病原体（现经电子显微镜观察是直径 25～800 纳米，形状像一颗子弹似的棒状病毒）。

为了得到这种病毒，巴斯德经常冒着生命危险从患病动物体内提取。一次，巴斯德为了收集一条疯狗的唾液，竟然跪在狂犬的脚下耐心等待。这种为了科学研究而把生死置之度外的崇高献身精神，难道不值得我们后人去学习和称颂吗！

巴斯德把分离得到的病毒连续接种到家兔的脑中使之传代，经过 100 次兔脑传代的狂犬病毒给健康狗注射时，奇迹发生了，狗居然没有得病，这只狗具有了免疫力。

巴斯德把多次传代的狂犬病毒随脊髓一起取出，悬挂在干燥的、消毒过的小屋内，使之自然干燥 14 天减毒，然后把脊髓研成乳化剂，用生理盐水稀释，制成原始的巴斯德狂犬病疫苗。

1885 年 7 月 6 日，9 岁法国小孩梅斯特被狂犬咬伤 14 处，医生诊断后宣布他生存无望。然而，巴斯德每天给他注射一支狂犬病疫苗。2 周后，小孩转危为安。巴斯德是世界上第一个能从狂犬病中挽救生命的人。1888 年，为表彰他的杰出贡献，成立了巴斯德研究所，他亲自担任所长。

巴斯德严谨的、科学的实验设计，他淡漠名利的高尚情操，他为追求真理而不顾个人安危的献身精神将永远留在我们的心中。

巴斯德为微生物学、免疫学、医学，尤其是为微生物学，做出了不朽贡献，"微生物学之父"的美誉当之无愧。

伟大的爱国情操

巴斯德是 19 世纪法国一位杰出的科学家，微生物学的奠基人，因发明了传染病预防接种法，为人类和人类饲养的家畜、家禽防治疾病做出了巨大的贡献。由于在科学上的卓越成就，使得他在整个欧洲享有很高的声誉，德国的波恩大学郑重地把名誉学位证书授予了这位赫赫有名的学者。但是，普法战争爆发后，德国强占了法国的领土，出于对自己祖国的深厚感情和对侵略者德国的极大憎恨，巴斯德毅然决然把名誉学位证书退还给了波恩大学，他说："科学虽没有国界，但科学家却有自己的祖国。"这掷地作响的话语，充分表达了一位科学家的爱国情怀，并因此而成为一句不朽的爱国名言。

巴斯德的爱国情操

由于在科学上的卓越成就，使得巴斯德在整个欧洲享有很高的声誉，德国的波恩大学郑重地把名誉学位证书授予了这位赫赫有名的学者。但是，普法战争爆发后，德国强占了法国的领土，出于对自己祖国的深厚感情和对侵略者德国的极大憎恨，巴斯德毅然决然把名誉学位证书退还给了波恩大学，他说："科学虽没有国界，但科学家却有自己的祖国。"这掷地作响的话语，充分表达了一位科学家的爱国情怀，并因此而成为一句不朽的爱国名言。

培育脊髓灰质炎病毒的韦勒

托马斯·哈克尔·韦勒是一位美国病毒学家。除了赢取诺贝尔奖的在脊髓灰质炎的研究，韦勒还为血吸虫病与柯萨奇病毒的治疗做出了贡献。

1948 年，由约翰·富兰克林·恩德斯所领导的波士顿儿童医院团队，在实验室的人体组织中成功培养出脊髓灰质炎病毒。恩德斯与同事托马斯·哈克尔·韦勒和弗雷德里克·查普曼·罗宾斯也因这项贡献而获得 1954 年的诺贝尔生理学或医学奖。除此之外，同时期还有多项关键发现：包括病毒的 3 种血清型（serotype），也就是第一型（PV1，Mahoney）、第二型（PV2，MEF - 1），与第三型（PV3，Saukett）；还有人体麻痹前血液中会出现病毒的现象，以及 γ - 球蛋白形态抗体在抵抗病毒方面的效用。

美国在 1952 年与 1953 年，分别增加了 5 万 8 000 与 3 万 5 000 个病例，高于先前每年约 2 万人的增加速度。

1954 年，他与约翰·富兰克林·恩德斯、弗雷德里克·查普曼·罗宾斯一同被授予了诺贝尔生理学或医学奖，以表彰他们在实验环境下培育脊髓灰质炎病毒的成就。

脊髓灰质炎病毒属于微小核糖核酸（RNA）病毒科（picornaviridae）的肠道病毒属（enterovirus）。此类病毒具有某些相同的理化生物特征，在电镜下呈球形颗粒相对较小，直径 20～30nm，呈立体对称 12 面体。病毒颗粒中心为单股正链核糖核酸，外围 32 个衣壳微粒，形成外层衣壳，此种病毒核衣壳体裸露无囊膜。核衣壳含 4 种结构蛋白 VP1、VP3 和由 VP0 分裂而成的 VP2 和 VP4。VP1 为主要的外露蛋白至少含 2 个表位（epitope），可诱导中和抗体的产生，VP1 对人体细胞膜上受体（可能位于染色体 19 上）有特殊亲和力，与病毒的致病性和毒性有关。VP0 最终分裂为 VP2 与 VP4，为内在蛋白与 RNA 密切结合，VP2 与 VP3 半暴露具抗原性。

已知脊髓灰质炎病毒有三个血清型，这三型病毒的核苷酸序列已经清楚，总的核苷酸数目为 7 500 个左右。虽然有 71% 左右的核苷酸为三型脊髓灰质炎病毒所共有，但不相同的核苷酸序列却都位于编码区内，因此三型病毒间和试验无交叉反应。

脊髓灰质炎病毒自口、咽或肠道黏膜侵入人体后，一天内即可到达局部淋巴组织，如扁桃体、咽壁淋巴组织、肠壁集合淋巴组织等处生长繁殖，并向局部排出病毒。若此时人体产生多量特异抗体，可将病毒控制在局部，形成隐性感染；否则病毒进一步侵入血流（第一次病毒血症），在第 3 天到达各处非神经组织，如呼吸道、肠道、皮肤粘膜、心、肾、肝、胰、肾上腺等处繁殖，在全身淋巴组织中尤多，并于第 4 日至第 7 日再次大量进入血循环（第二次病毒血症），如果此时血循环中的特异抗体已足够将病毒中和，则疾病发展至此为止，形成顿挫型脊髓灰质炎，仅有上呼吸道及肠道症状，而不出现神经系统病变。少部分患者可因病毒毒力强或血中抗体不足以将其中和，病毒可随血流经血脑屏障侵犯中枢神经系统，病变严重者可发生瘫痪。偶尔病毒也可沿外周神经传播到中枢神经系统。特异中和抗体不易到达中枢神经系统和肠道，故脑脊液和粪便内病毒存留时间较长。因此，人体血循环中是否有特异抗体，其出现的时间早晚和数量是决定病毒能否侵犯中枢神经系统的重要因素。

多种因素可影响疾病的转归，如受凉、劳累、局部刺激、损伤、手术（如预防注射、扁桃体截除术、拔牙等），以及免疫力低下等，均有可能促使瘫痪的发生，孕妇如得病易发生瘫痪，年长儿和成人患者病情较重，发生瘫痪者多。儿童中男孩较女孩易患重症，多见瘫痪。

发现病毒反应机理的斯坦利

斯坦利是美国生化学家和病毒学家，1904 年 8 月 16 日出生于印第安纳州。在伊利诺斯州立大学取得博士学位，在普林斯顿病理实验室从事植物病理学研究。他首先用盐析法从植物细胞中分离出传染性病毒的晶体蛋白，提示了病毒能通过细胞遗传的反应机理，开辟了研究癌症的重要途径，推动了病毒学的研究，因而于 1946 年分享诺贝尔化学奖。1971 年 6 月 15 日病逝于西班牙，终年 67 岁。

斯坦利的父亲詹姆士·G·斯坦利是当地的报纸出版商。斯坦利本科就读于印第安纳州的厄尔汉姆学院（Earlham），大学期间的他非常喜欢化学和数学，也爱好足球，他最初的理想是当一名足球教练。

在本科毕业前夕，斯坦利拜访了伊利诺伊大学化学系主任——著名的化学家罗杰·亚当斯（Roger Adams）教授，教授在谈话中所流露出的对化学的狂热和执著感染了斯坦利，他决定放弃做一个足球教练的职业梦想，转而投身于化学研究，于是他本科毕业后在罗杰·亚当斯教授门下学习化学，先后获理学硕士学位（1927 年）和化学博士学位（1929 年）。在此期间他主要的研究方向在化学制药方面。在伊利诺伊大学做了一年的博士后之后，斯坦利以国家研究委员会研究员的身份赴德国做访问学者，德国是当时世界化学制药研究的中心，在慕尼黑大学，斯坦利曾经跟随1927年诺贝尔化学奖得主海因里希·维兰德做过短期的学术研究。1931年斯坦利回到美国，时逢经济大萧条，但他设法在纽约的洛克菲勒（Rockefeller）研究所找到了一个研究助理的位置。

1932年斯坦利开始对烟草花叶病展开研究。在那个时代，烟草花叶病传染快、破坏性极强，其病原物烟草花叶病毒（Tobacco mosaic virus，简称TMV）在普通显微镜下无法观测到。烟草花叶病每年给烟农造成很大的损失，尽管国际上有一些学者对烟草花叶病毒展开研究，但对其性质和结构，人们猜测的成分居多，缺乏令人信服的证据。

1935年，当时在普林斯顿大学动植物病理学实验室进行研究的斯坦利发现烟草花叶病毒的侵染性能被胃蛋白酶破坏，在这一现象的启示下，他开始怀疑病毒是由蛋白质构成的。斯坦利于是决定分离、提纯烟草花叶病毒。

斯坦利找来了一吨多的感染花叶病的烟叶，逐一进行研磨、过滤，他想用提取酶的方法把病毒提纯出来，但极低的提取率使其工作的艰辛程度不亚于居里夫人从沥青中提取镭。一段机械而枯燥的时光过去后，最终他得到了一小匙在显微镜下看来是针状结晶的东西，把结晶物放在少量水中，水就出现乳光了，用手指沾一点此溶液，在健康烟叶上摩擦几下，一星期以后这棵烟草也得了同样类型的花叶病。他宣布提纯的东西就是有侵染性的烟草花叶病毒。今天在美国加州大学的原斯坦利实验室里，仍然保留着一个标注着"Tob. Mos."字样的瓶子，瓶里就盛放着斯坦利当年第一次提纯的烟草花叶病毒。

接下来斯坦利开始对这种提纯的病毒展开研究。根据各种试验结果，证实这种结晶物质是蛋白质，初步的渗透压和扩散测定表明，这种蛋白质的分子量高达几百万。其结晶制品的侵染性依赖于蛋白质的完整性，侵染性被认为是病毒蛋白质的一种性质。斯坦利的研究论文陆续发表在《Science》等著名杂志上，他在论文中写道："烟草花叶病毒是一种具有自我催化能力的蛋白质，它的增殖需要活体细胞的存在"。斯坦利这一时期著名的工作，后来被誉为基础病毒学的经典之一。也正是这一时期的工作，使他和萨姆纳（James

Batcheller Sumner)、诺思罗普（John Howard Northrop）一起共获 1946 年的诺贝尔化学奖。

然而，斯坦利在他的烟草花叶病毒研究工作中，并未注意到病毒的含磷和糖类组分，1936 年英国的鲍顿（Bawden）和皮里（Pirie）在纯化的烟草花叶病毒中发现了含磷和糖类的组分，它们以核糖核酸的形式（即 RNA）存在，通过热变化，这种核酸可以从病毒粒子中释放出来。消息传来，斯坦利最初的反应是反对这一结论，他为此不惜在多次学术会议上与持异议者展开辩论，但科学是以实验为依据的，斯坦利重复英国小组的实验后发现自己错了，他不得不对此保持缄默。真理越辩越明，科学家们终于对烟草花叶病毒由蛋白质和 RNA 组成达成共识。1939 年，G. A. Kansche 在电镜下直接观察到了烟草花叶病毒，指出烟草花叶病毒是一种直径为 1.5nm，长为 300nm 的长杆状的颗粒，此后的研究证明烟草花叶病毒颗粒的内部是核酸，外面包裹着蛋白质。烟草花叶病毒的化学结构之谜终被科学家解开。

在斯坦利研究烟草花叶病毒取得成功之后，越来越多的学者投入病毒学领域，烟叶花叶病毒也成为众多病毒研究手中必不可少的研究对象。面对病毒学的飞速发展，斯坦利认为有必要建立一个专门的病毒学实验室。在获得诺贝尔奖之前几个月，斯坦利在飞机上偶然遇见了加州大学校长史普劳尔（Robert G. Sproul）。在交谈过程中斯坦利提出了建立专门的病毒实验室的设想，以便对病毒学展开全方位研究。1948 年史普劳尔邀请斯坦利在伯克利（Berkeley）校园筹建一所病毒实验室并出任实验室主任，斯坦利的希望变成了现实。在伯克利病毒实验室，斯坦利坚持工作到退休，他还曾兼任过加州大学生物化学系主任，培养了一代病毒学者，指导完成了许多研究计划，这些计划对于进一步澄清病毒的本质作出了杰出的贡献，而且开发出了许多新疫苗，小儿麻痹症疫苗就是其中之一。病毒学的飞速发展，使越来越多的植物病毒和动物病毒的化学结构被人类阐释，在此基础上的动植物病理防治也取得了长足进步，危害人类的许多病毒性疾病不再是不治之症，人类的健康和生命保障能力得到了加强。《纽约时报》这样评价斯坦利：一个眼中闪烁着智慧光芒的和蔼可亲的国家医生。

病毒家族的历史

斯坦利的学术贡献主要在化学制药、联苯立体化学和甾体化合物的研究上，他一生在学术刊物上共发表了150余篇论文，是全世界公认的研究病毒的权威。他曾著有《化学：美丽的事物》一书，该书曾获得著名的普利策奖的提名。

许多人把斯坦利的成就与发现细菌的巴斯德（Pasteur）的成就相提并论。纵观斯坦利的一生，除获得1946年诺贝尔化学奖之外，他还获得过许多荣誉和奖项：1937年获美国美国科学促进协会颁发的科学进步奖，1938获罗森伯格奖章（芝加哥大学）、阿尔德奖（哈佛大学）和斯科特奖（费城）；1941年获美国纽约学院金牌；1943年获哥白尼奖；1946年获尼科尔斯奖章（美国化学学会）；1947年获吉布斯奖章（美国化学学会）；1948年获富兰克林奖章和总统勋章；1958年获现代医学奖；1963年获美国癌症协会为控癌著名人士颁发的奖章。除这些外，他还获得许多大学和学院授予的荣誉博士和科学学位，包括厄勒姆姆学院、哈佛大学、耶鲁大学（1938年）；普林斯顿大学（1947）和伊利诺伊大学（1959年）；加州大学（1946年）和印第安纳大学（1951年）的名誉法学博士，美国犹太神学院（1953年）和米尔斯学院（1960年）以及巴黎大学的荣誉博士（1947年）学位。

他还应邀担任许多学术团体和医疗组织的顾问，并任美国政府和世界卫生组织科学顾问。他美国癌症协会资深主任、国立癌症研究所科学顾问理事会成员。他还是许多科学协会的会员。

斯坦利的争议

1946年斯坦利荣获了诺贝尔化学奖后，鲍顿和皮里认为这是诺贝尔奖历史上的错误，对此感到愤愤不平，因为斯坦利最初认为烟草花叶病毒由蛋白质组成这一认识是不完全的，而且是他们纠正了斯坦利的错误（查询斯坦利1935年至1945年发表的论文，你会认为鲍顿和皮里的愤愤不平是有道理的）。但时至今日，纵观斯坦利献身科学的一生，以及他在病毒学上取得的巨大成

病毒家族的历史

就，许多学者认为他无愧于诺贝尔奖，今天的病毒学界仍然公认斯坦利是第一个阐明烟草花叶病毒实质的科学家。

楚尔·豪森的病毒发现

哈拉尔德·楚尔·豪森，生于 1936 年 3 月 11 日，德国著名医学科学家与荣誉退休教授，主要研究领域为病毒学，2008 年诺贝尔生理学或医学奖得主之一。其于 20 世纪 70 年代研判人类乳突病毒很可能会是子宫颈癌的成因，经深入且细密、锲而不舍的研究，终于证实两者间的直接关联性，病毒会是癌症成因，成为医科学中新的学术理论。

青年时期目睹了战后德国的景象，对待生活十分认真。他专注于学业。虽然经历了 20 世纪 60 年代末期的享乐主义，但是他认为自己从来都不是嬉皮一族。

哈拉尔德·楚尔·豪森 1936 年出生于德国，他从德国杜塞尔多夫大学获得了医学博士学位，是德国海德堡癌症研究中心的荣誉教授、前主任和科学主管。

哈拉尔德·楚尔·豪森发现，致瘤人类乳头状瘤病毒（HPV）导致宫颈癌，这是妇女第二大多发癌症。他意识到，人类乳头状瘤病毒可能在肿瘤中以一种不活跃的状态存在，所以进行病毒 DNA 的特定检测应当可以查到这种病毒，他发现致瘤人类乳头状瘤病毒属于一个异种病毒家族，只有一些类型的人类乳头状瘤病毒可以引发癌症，他的发现使人类乳头状瘤病毒感染的自然历史被定性，使人们了解到人类乳头状瘤病毒引发癌瘤的机理，从而研发针对人类乳头状瘤病毒的预防疫苗。

哈拉尔德·楚尔·豪森曾花了十年的时间来寻找不同的人类乳头状瘤病毒类型，这一工作由于这种病毒 DNA 只有部分进入基因组而变得很困难。他在宫颈癌切片发现了新的人类乳头状瘤病毒 DNA，随后于 1983 年发现了可致

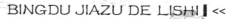

癌的 HPV16 型病毒。他 1984 年从患宫颈癌的病人那里克隆了 HPV16 和 18 型病毒。在全世界各地百分之七十的宫颈癌切片中都发现了 HPV16 和 18 型病毒。

人类乳头状瘤病毒对全球公共健康体系造成了很大的负担，全世界所有的癌症百分之五是因为人们持续感染这一病毒所致。人类乳头状瘤病毒是最常见的性病致病病毒，这影响了人类人口的百分之五十至百分之八十。在已知的 100 多种人类乳头状瘤病毒，近 40 种人类乳头状瘤病毒影响生殖道，有 15 种可引发妇女患宫颈癌的高风险。此外，在子宫、阴茎癌、口腔癌和其他癌症中也都发现了人类乳头状瘤病毒。99.7% 被证实患宫颈癌的患者可以检到人类人类乳头状瘤病毒，每年有 50 万妇女患这种癌症。

哈拉尔德·楚尔·豪森证实了人类乳头状瘤病毒的新构成，这使人们了解了乳头状瘤病毒导致癌症的机理，影响病毒持续感染和细胞变化的因素。他发现了 HPV16 和 18 型病毒，这使科学家最终能够研发出保护人们不受高风险 HPV16 和 18 型病毒感染的疫苗，疫苗的保护率超过了 95%。疫苗还降低了进行手术的必要性和宫颈癌给全球卫生体系造成的负担。

 知识点

诺贝尔奖

诺贝尔奖是根据诺贝尔遗嘱所设基金提供的奖项（1969 年起由 5 个奖项增加到 6 个），每年由 4 个机构（瑞典 3 个，挪威 1 个）颁发。1901 年 12 月 10 日即诺贝尔逝世 5 周年时首次颁发。诺贝尔在其遗嘱中规定，该奖应每年授予在物理学、化学、生理学或医学、文学与和平领域内"在前一年中对人类作出最大贡献的人"，瑞典银行在 1968 年增设一项经济科学奖，1969 年第一次颁奖。

诺贝尔在其遗嘱中所提及的颁奖机构是：位于斯德哥尔摩的瑞典皇家科学院（物理学奖和化学奖）、皇家卡罗林外科医学研究院（生理学或医学奖）和瑞典文学院（文学奖），以及位于奥斯陆的、由挪威议会任命的诺贝尔奖评

定委员会（和平奖），瑞典科学院还监督经济学的颁奖事宜。为实行遗嘱的条款而设立的诺贝尔基金会，是基金的合法所有人和实际的管理者，并为颁奖机构的联合管理机构，但不参与奖的审议或决定，其审议完全由上述 4 个机构负责。每项奖包括一枚金质奖章、一张奖状和一笔奖金；奖金数字视基金会的收入而定。经济学奖的授予方式和货币价值与此相同。

挑战肿瘤的曾毅

    曾毅，病毒学家。1929 年 3 月出生于广东揭西县。他幼年时特别爱学习，5 岁便入坡头墟小学读书。1943 年 1 月，他在五经富中学初中毕业后，便考入有名的梅县东山中学读高中。1946 年高中毕业，考入上海复旦大学商学院，一年后又考入上海医学院。1952 年大学毕业后，留校参加高级师资培训班。1953 年调广州中山医学院微生物室任助教，从事钩端螺旋体、恙虫病和立克次氏体的研究。1956 年调北京中央卫生研究院病毒系，从此开始他的病毒研究工作。

    在病毒系，他先是研究脊髓灰质炎病毒和肠道病毒，和同事们一起，首次在国内各地进行脊髓灰质炎病毒型别的流行病学调查，参加了我国首次进行的儿童脊髓灰质炎减毒活疫苗的免疫工作，并获得成功。1961 年他研究麻疹病毒，在国内首先应用血凝抑制实验检测麻疹病毒抗体，以检验麻疹疫苗的免疫效果。

    1962 年曾毅晋升为助理研究员，开始研究肿瘤病毒。他先后研究了多瘤毒、腺病毒、鸡白血病病毒等。首先发现我国母鸡带淋巴白血病病毒的阳性率很高，鸡蛋中病毒阳性率高达 80% 以打破免疫耐受性，鸡获得高滴度的中和抗体，使鸡蛋的带毒率大大下降，甚至转为阴性，为建立不带淋巴白血病病毒的鸡群提供了有效措施。同类的工作国外在 7 年后才有报道。

    1973 年曾毅开始研究 Epstein – Barr 病毒与鼻咽癌的关系。1974 年他作为客座研究员去英国格拉斯大学研究肿瘤病毒。一年后回国，继续从事鼻咽癌与 EB 病毒关系的研究，一直至今。

1977 年曾毅晋升为副研究员，1983 年晋升为研究员。1984 年因在鼻咽癌早期诊断和 EB 病毒与鼻咽癌关系研究中取得的突出成就，被评为对国家有突出贡献的中青年科学家。1981 年—1983 年任中国医学科学院病毒学研究所副所长、所长。1984 年—1996 年任预防医学科学院副院长、院长。1993 年当选为中国科学院院士。现任中国预防医学科学院病毒学研究所肿瘤和艾滋病研究室主任、中华预防医学会会长、中国预防性病艾滋病基金会会长、中华医学会常务理事。1995 年被选为俄罗斯医学科学院外籍院士。自 1978 年起一直任世界卫生组织肿瘤专家顾问组顾问、国务院学位委员会学科评议组成员。

病毒学家高尚荫

我国著名病毒学家高尚荫

高尚荫（1909 年—1989），著名病毒学家，中国科学院院士。1909 年 3 月 3 日生于浙江嘉善陶庄镇。1930 年东吴大学，1930 年—1935 年留学美国，获耶鲁大学博士学位。留学回国后长期在武汉大学任教，曾任中国科学院武汉分院副院长、中南微生物研究所所长、武汉病毒研究所所长和名誉所长、中国微生物学会副理事长、病毒专业委员会主任委员，湖北省及武汉市微生物学会理事长、名誉理事长。

他还担任过国务院学位委员会生物学科评议组组长、教育部高等学校生物教材委员会主任委员、湖北省政治协商会议副主席、湖北省科学技术协会副主席、湖北省对外友协副会长等学术和社会工作。在国际上，高尚荫曾担任过捷克斯洛伐克《病毒学报》编委。对烟草花叶病毒、流感病毒、新城鸡瘟病毒、农蚕脓病毒、根瘤菌噬菌体、猪喘气病原物及昆虫多角体、颗粒体病毒等的性质及应用进行了研究；通过烟草花叶病毒的分析研究，证实了病毒性质的稳定性；在国际上首次将流感病毒培养于鸭胚尿囊液中；创立昆虫病毒单层培养法，在家蚕卵巢、睾丸、肌肉、气管、食道等组织培养中应用成功；开展了昆虫病毒的物理、化学、生物学的研究，为生物防治提供科学依据；创办了中国最早的病毒学实验室和病毒学专业。

黄祯祥的脑炎病毒研究

黄祯祥，1910 年 2 月 10 日出生于福建厦门鼓浪屿。病毒学家。福建厦门人。1930 年毕业于燕京大学，获硕士学位。1934 年毕业于北京协和医学院，获博士学位。中国医学科学院病毒学研究所教授、名誉所长。首创病毒体外培养法新技术，为现代病毒学奠定了基础，被称为"在医学病毒学的发展史上第二次技术革命"；第一次使病毒定量测定的显微镜观察法被革新为肉眼观察法；对流行性乙型脑炎的流行病学、病原学及发病机理的研究，为控制中国乙型脑炎的流行做出了重要贡献；首先发现自然界中存在着不同毒力的乙脑病毒株，并对其生态学与流行的关系、变异的某些规律、保存毒株的方法及疫苗等进行了研究；发明了用福尔马林处理麻疹活疫苗的新方法。

良好的家庭环境使他养成了好读书求知识的习惯。1926 年，他以优异的成绩考取了当时的医学最高学府北平协和医学院，接受了严格的医学教育。他于 1934 年毕业后，担任了北平协和医院内科医生。北平协和医院是当年中国条件最好、最有权威的医学机构，黄祯祥在这里整整工作了 8 年。他不仅打下了坚实的医学基础，而且培养了善于观察、发现问题和独立解决问题的

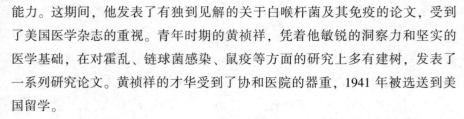

能力。这期间，他发表了有独到见解的关于白喉杆菌及其免疫的论文，受到了美国医学杂志的重视。青年时期的黄祯祥，凭着他敏锐的洞察力和坚实的医学基础，在对霍乱、链球菌感染、鼠疫等方面的研究上多有建树，发表了一系列研究论文。黄祯祥的才华受到了协和医院的器重，1941年被选送到美国留学。

黄祯祥在美国期间，首创了引起世界病毒学界瞩目的病毒体外培养新技术，为现代病毒学奠定了基础。这时，日本侵略军仍在蹂躏中华大地，中华民族处于危急存亡关头，他毅然谢绝了美国方面的一再挽留，于1943年末怀着忧国忧民之心，抱着科学救国的理想返回了祖国，到重庆中央卫生实验院任医理组主任。抗日战争胜利后，他回到北平任中央卫生实验院北平分院院长。

北平解放前夕，他选择了留下来等待新中国诞生的道路。

中华人民共和国成立以后，黄祯祥的专业特长开始得以发挥。尽管当时经费少，还不具备大规模开展病毒研究的条件，而人民政府尽力为他添置了科研设备，配备了助手，他开始着手流行性乙型脑炎、麻疹、肝炎等病毒的研究工作。黄祯祥决心在中国共产党的领导下为中国的病毒学事业贡献自己的聪明才智。

抗美援朝时期，他积极响应中国共产党的号召，为了粉碎敌人的细菌战争，冒着生命危险深入到中国东北和朝鲜前线进行调查，用自己的专业技术为保卫世界和平做出了贡献。

黄祯祥先后出访过苏联、罗马尼亚、荷兰、埃及、法国、菲律宾、美国等十几个国家，进行讲学和学术交流。1983年他率中国微生物专家代表团应邀赴美国参加第十三届国际微生物学大会，在美国丹顿市被授予该城的"金钥匙"和"荣誉市民"称号。

黄祯祥享有很高的国际声望。他是美国实验生物医学会会员、苏联与东欧社会主义国家合办的《病毒学杂志》编委，还担任美国《国际病毒学杂志》、《传染病学论丛》杂志的编委。1983年他被选为美国传染病学会名誉委员。

病毒家族的历史

黄祯祥热心中国医学病毒学事业，他倡议和创建了中华医学会病毒学会，创办了《实验和临床病毒学杂志》（《中华实验和临床病毒学杂志》前身）。他先后主编了《医学病毒学总论》、《常见病毒病实验技术》、《中国医学百科全书·病毒学》等书。在他晚年生病住院期间还主持编写了《医学病毒学基础及实验技术》、《医学病毒学词典》。

黄祯祥为人正直，待人诚恳热情，学识渊博，治学严谨又勇于创新。1985 年他加入了中国共产党，实现了多年的夙愿。正当他以极大的干劲带领研究人员投入新课题病毒免疫治疗肿瘤研究时，1987 年，白血病夺去了他的生命，终年 77 岁。

病毒培养技术

20 世纪初，国际上对病毒的研究刚刚起步，研究病毒的工作还很不成熟，方法也很落后。由于病毒是微生物中最小的生物，当时检测病毒存在与否，需要通过对动物注射含病毒物，观察动物发病或死亡来判断，显然这种方法是十分原始的。病毒还有另外一个特性，即它没有自己的酶系统，需要寄生在活细胞内，因而一般的微生物培养基不能使病毒繁殖和生存。病毒的这两个特性加大了寻找培养病毒新技术的难度。病毒培养是病毒研究中最基础、最关键的一步，可以说没有病毒培养新技术的建立，也就没有病毒研究的突破和发展。因此，许多国家为此投入了大量的人力、物力，国际上许多知名学者为此苦苦探索了几十年。

1943 年黄祯祥在美国发表了《西方马脑炎病毒在组织培养上滴定和中和作用的进一步研究》，这一研究论文立即引起举世瞩目，并得到同行的普遍认可。

这一新技术概括为：

第一步，用人为的方法将动物组织经过处理消化成单层细胞，并给这种细胞以一定的营养成分使其在试管内存活。

第二步，将病毒接种在这种细胞内，经过一段时间，细胞就会出现一系列病理改变。观察者只要用普通显微镜观察细胞有无病变，即可间接判断有无病毒的繁殖。

这项新技术把病毒培养从实验动物和鸡胚的"动物水平",提高到体外组织培养的"细胞水平"。也正是这项技术的建立,拓宽了国际上病毒学家的思路,世界上许多国家的病毒学者采用或改良了这一技术,成功地发现了许多病毒性疾病的病原,分离出许多新病毒。20 世纪 50 年代,美国著名病毒学家恩德斯获得诺贝尔奖金,就是在采用了黄祯祥这一技术的基础上取得的成果。美国 1982—1985 年各版的《世界名人录》,称黄祯祥这一技术为现代病毒学奠定了基础。

病毒学研究的实践证明:病毒学研究发展到今天的分子病毒学水平,黄祯祥所发现的这一新技术起着重要的作用。迄今为止,世界上还没有找到比这一技术更先进的病毒体外培养的方法。这一新技术至今还广泛应用于病毒性疾病的疫苗研制、诊断试剂的生产和病毒单克隆抗体、基因工程等高技术研究领域。世界上许多国家采用这种技术分离了诸如流行性出血热、麻疹、脊髓灰质炎(小儿麻痹)病毒。近年来在全球引起震动的艾滋病病毒也是采用组织培养这一技术分离得到的。

乙型脑炎研究

中华人民共和国建立初期,流行性乙型脑炎是当时严重威胁劳动人民健康的传染病之一。黄祯祥清楚地知道要开展乙型脑炎的研究,着手解决这一医学难题,困难是很大的。然而,作为新中国第一代病毒学者的责任感,激励着他不能不主动请缨,他向卫生部领导要求,要从乙型脑炎入手开始新中国的病毒研究事业。卫生当局满足了他的愿望,支持他的工作,给了他人力、物力的保证。乙型脑炎的研究工作从此开始了。

由于当时科技水平的限制,对乙型脑炎这种传染病的认识还很肤浅,乙型脑炎的病原、发病机制、传播规律、诊断、免疫等问题都还没有解决,甚至于在中国流行的乙型脑炎(当时俗称大脑炎)和日本等亚洲国家所流行的乙型脑炎是不是一种病都未能搞清楚。这些问题在当时的病毒学界都是有待揭示的课题。

在新中国成立后的头两年中，黄祯祥组织进行了全面、系统的有关调查工作，由于卫生当局的大力协助及各医疗卫生机构的热诚合作，这项工作是相当顺利的。在进行了大量的流行病学调查之后，黄祯祥带领科研人员开始了病毒分离、实验诊断方法的建立、乙型脑炎传播媒介昆虫生态学、乙型脑炎病毒特性等方面的研究，基本摸清了中国乙型脑炎的流行规律、传播途径及特点，并着重指出蚊虫是传播乙型脑炎的媒介昆虫，从而在技术上具体地指导了建国初期轰轰烈烈的群众爱国卫生运动。

1949 年，黄祯祥在中国首先开始了乙型脑炎疫苗的研制工作。他在一篇论文中阐述了最初研制乙型脑炎疫苗时的想法："当 1949 年我们开始了流行性脑炎的研究之后，首先对这种传染病的流行病学问题进行了调查研究，并且用血清学和病毒分离的方法确定了该病的病原是流行性乙型脑炎病毒。这些研究的结果给预防工作指出了方向，为了更好地配合预防工作上的需要，于 1949 年我们开始了疫苗制造试验。"这是中国开展乙型脑炎疫苗研究文献中最早的记录。在这以后的几十年中，乙型脑炎疫苗的研制工作一直在进行着，最初从研究死疫苗开始，继而发展到利用组织培养技术进行乙型脑炎减毒活疫苗研究。这些研究成果无一不渗透着黄祯祥的心血。乙型脑炎疫苗的研制这一成果获得了 1978 年全国科学大会奖。

众所周知，预防医学研究所取得的成果，绝不是靠某一个人独自奋斗所能取得的，必须要有长时期的，有时甚至几代人的共同努力才能取得。中国乙型脑炎的研究从 1949 年开始，经过整整 40 年的工作，终于被社会所承认。1989 年这项成果获得了卫生部科技进步一等奖。颁奖时，虽然黄祯祥已不在人世，甚至获奖者的名单中也没有他的名字，但是人们不会忘记黄祯祥在中国乙型脑炎研究中开拓者的地位和他在取得这项成果中的重大作用。

病毒免疫贡献

1954 年，世界上分离麻疹病毒获得成功。用组织培养技术研制麻疹疫苗就成为世界病毒学界探讨的重要课题。1961 年，黄祯祥以极大的热情和充沛的精力投入到麻疹疫苗的研究工作中。他和著名儿科专家诸福棠教授合作，

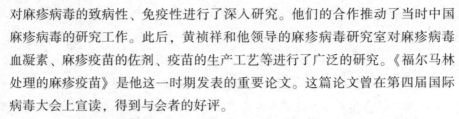

对麻疹病毒的致病性、免疫性进行了深入研究。他们的合作推动了当时中国麻疹病毒的研究工作。此后，黄祯祥和他领导的麻疹病毒研究室对麻疹病毒血凝素、麻疹疫苗的佐剂、疫苗的生产工艺等进行了广泛的研究。《福尔马林处理的麻疹疫苗》是他这一时期发表的重要论文。这篇论文曾在第四届国际病毒大会上宣读，得到与会者的好评。

1980 年以后，黄祯祥致力于病毒免疫的研究，先后发表了《被动免疫对活病毒自动免疫的影响》等论文。在病毒免疫治疗肿瘤的研究方面，他指导研究生进行了探索性的工作，先后发表了《不同病毒两次治疗腹水瘤小鼠的初步研究》、《病毒与环磷酰胺联合治疗小鼠瘤的研究》、《肿瘤抗巨噬细胞移动作用的研究》等多篇论文。这些研究成果无疑对寻找抗肿瘤治疗方法提供了有思考价值的线索和依据。黄祯祥提出的病毒免疫治疗肿瘤的新设想，将是肿瘤治疗研究中有待开发的一块具有广阔前景的领域。

黄祯祥的影响

由于黄祯祥在医学病毒学研究中的重要贡献，1981 年他当选为中国科学院生物学部委员，被任命为中国预防医学科学院病毒学研究所名誉所长。他还担任了中国微生物学会常务理事、中华医学会微生物学和免疫学会常务理事、中华医学会病毒学会主任委员。

黄祯祥逝世后，为了纪念他在医学病毒学研究中取得的成绩，他在海内外的同事、亲友共同发起成立了黄祯祥医学病毒基金会，以黄祯祥的名义颁发奖学金，以奖励在医学病毒学研究中做出贡献的新人。中华医学会病毒学会、中国预防医学科学院病毒学研究所共同主编、出版了《黄祯祥论文选集》，以纪念他在病毒学研究中的突出贡献。

弗莱明实验的意外产物——青霉素

弗莱明出生在苏格兰的亚尔郡，他的父亲是个勤俭诚实的农夫，生了8个孩子，弗莱明是最小的一个。由于家道中落，他不能完成高等教育，16岁便要出来谋生；在20岁那年，承受了姑母的一笔遗产，才可以继续学业。25岁医学院毕业之后，便一直从事医学研究工作。

在1928年，弗莱明在伦敦大学讲解细菌学，无意中发现霉菌有杀菌作用，这种霉菌在显微镜下看来像刷子，所以弗莱明便叫它为"盘尼西林"。

从这时开始，弗莱明便对盘尼西林作系统的研究，到了1938年，盘尼西林才正式在病人身上使用。在第二次世界大战期间，盘尼西林救活了无数人的生命。

弗莱明和青霉素

弗莱明是一个脚踏实地的人。他不尚空谈，只知默默无言地工作。起初人们并不重视他。他在伦敦圣玛丽医院实验室工作时，那里许多人当面叫他小弗莱，背后则嘲笑他，给他起了一个外号叫"苏格兰老古董"。

有一天，实验室主任赖特爵士主持例行的业务讨论会。一些实验工作人员口若悬河，哗众取宠，惟独小弗莱一直沉默不语。赖特爵士转过头来问道："小弗莱，你有什么看法？"

"做。"小弗莱只说了一个字。他的意思是说，与其这样不着边际地夸夸其谈，不如立即恢复实验。

到了下午5点钟，赖特爵士又问他："小弗莱，你现在有什么意见要发

病毒家族的历史

表吗？"

"茶。"原来，喝茶的时间到了。

这一天，小弗莱在实验室里就只说了这两个字。

弗莱明像往日那样细心地观察培养葡萄球细菌的玻璃罐。

"唉，罐里又跑进去绿色的霉！"弗莱明皱了眉头。

"奇怪，绿色霉的周围，怎么没有葡萄球细菌呢？难道它能阻止细菌的生长和繁殖？"细心的弗莱明不放过一个可疑的现象，苦苦地思虑下去。

他进行了一番研究，证明这种绿色霉是杀菌的有效物质。他给这种物质起个名字：青霉素。有了这个发现，人类又从死神的手里夺回许多生命。

使用青霉素注意事项

青霉素的杀菌作用很强大，但是也有很多需要注意的事项，分别如下：

①青霉素可导致过敏反应，用药前按规定方法进行皮试。必须备盐酸肾上腺素注射液以便抢救。无抢救条件的单位不得为病人注射青霉素类药物。②水溶液不稳定，应临用时现配，且不宜与酸性或碱性药物如：碳酸氢钠、氨茶碱等配伍使用。不宜鞘内给药。③丙磺舒（0.5g/次，3 次/日，口服）可阻滞青霉素类药物的排泄，联合应用可使青霉素血药浓度上升。④不宜与四环素、氯霉素、红霉素、维生素 C、氨基糖甙类合并静注。

健康带菌者与伤寒玛丽

"伤寒玛丽"本名叫玛丽·梅伦，1869 年生于爱尔兰，15 岁时移民美国。起初她给人当女佣。后来，她发现自己很有烹调才能，于是转行当厨师，拿到比做女佣高出很多的薪水。玛丽对自己的处境非常满意。

1906 年夏天，纽约的银行家华伦带着全家去长岛消夏，雇玛丽做厨师。8月底，华伦的一个女儿最先感染了伤寒。接着，华伦夫人、两个女佣、园丁和另一个女儿相继感染。他们消夏的房子住了 11 个人，有 6 个人患病。

房主深为焦虑，他想方设法找到了有处理伤寒疫情经验的工程专家索柏。索柏将目标锁定在玛丽身上。他详细调查了玛丽此前 7 年的工作经历，发现 7年中玛丽换过 7 个工作地点，而每个工作地点都暴发过伤寒病，累计共有 22个病例，其中 1 例死亡。

索柏设法得到玛丽的血液、粪便样本，以验证自己的推断。但这非常棘手，索柏对此有过精彩的描述：他找到玛丽，"尽量使用外交语言，但玛丽很快就作出了反应。她抓起一把大杈子，朝我直戳过来。我飞快地跑过又长又窄的大厅，从铁门里逃了出去"。

玛丽当时反应激烈，因为在她那个年代，"健康带菌者"还是一个闻所未闻的概念，她自己身体棒棒的，说她把伤寒传染给了别人，简直就是对她的侮辱。

后来，索柏试图通过地方卫生官员说服玛丽，没想到，这更惹恼了这个倔脾气的爱尔兰裔女人，她将他们骂出门外，宣布他们是"不受欢迎的人"。

最后，当地的卫生官员带着一辆救护车和 5 人找上门。这一次，玛丽又动用了大杈子。在众人躲闪之际，玛丽突然跑了。后来在壁橱里找到了她，把她抬进救护车送往医院。一路上的情景就像"笼子里关了头愤怒的狮子"。

医院检验结果证实了索柏的怀疑。玛丽被送入纽约附近一个名为"北边兄弟"的小岛上的传染病房。

但玛丽始终不相信医院的结论。2 年后她向卫生部门提起诉状。1909 年 6月，《纽约美国人报》刊出一篇有关玛丽的长篇报道，文章十分煽情，引起公众一片唏嘘，卫生部门被指控侵犯。

1910 年 2 月，当地卫生部门与玛丽达成和解，解除对她的隔离，条件是玛丽同意不再做厨师。

这一段公案就此了结。1915 年，玛丽已经被解除隔离 5 年，大家差不多都把她忘了。这时，纽约一家妇产医院暴发了伤寒病，25 人被感染，2 人死亡。

病毒家族的历史

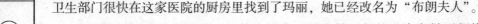

卫生部门很快在这家医院的厨房里找到了玛丽，她已经改名为"布朗夫人"。

据说玛丽因为认定自己不是传染源才重新去做厨师的，毕竟做厨师挣的钱要多得多。但无论如何，公众对玛丽的同情心这次却消失了。玛丽自觉理亏，老老实实地回到了小岛上。医生对隔离中的玛丽使用了可以治疗伤寒病的所有药物，但伤寒病菌仍一直顽强地存在于她的体内。玛丽渐渐了解了一些传染病的知识，积极配合医院的工作，甚至成了医院实验室的义工。1932年，玛丽患中风半身不遂，6年后去世。

玛丽的遭遇曾经引起一场有关公众健康权利的大争论，加上玛丽本人富有戏剧色彩的反抗，使这场争论更加引人注目。争论的结果是，大多数人认为应该首先保障公众的健康权利。美国总统因此被授权可以在必要的情况下宣布对某个传染病疫区进行隔离，这一权力至今有效。

玛丽·梅伦以"伤寒玛丽"的绰号名留美国医学史。今天，美国人有时会以开玩笑的口吻称患上传染病的朋友为"伤寒玛丽"；由于故事中的玛丽·梅伦总是不停地更换工作地点，那些频繁跳槽的人，也会被周围的人戏称为"伤寒玛丽"。

病毒家族的历史